成功法则

墨菲定律

宋犀堃　编著

扫码收听全套图书

扫码点目录听本书

四川人民出版社

图书在版编目(CIP)数据

墨菲定律 / 宋犀堃编著. —成都 : 四川人民出版社，2020.4(2023.8 重印)
(成功法则)
ISBN 978 - 7 - 220 - 11828 - 9

Ⅰ. ①墨… Ⅱ. ①宋… Ⅲ. ①成功心理 - 通俗读物 Ⅳ. ①B848.4 - 49

中国版本图书馆 CIP 数据核字(2020)第 055142 号

MOFEI DINGLÜ
墨菲定律
宋犀堃/编著

责任编辑	王卓熙
技术设计	松　雪
封面设计	松　雪
责任印制	周　奇
出版发行	四川人民出版社(成都市三色路 238 号)
网　　址	http://www.scpph.com
E - mail	scrmcbs@sina.com
新浪微博	@四川人民出版社
微信公众号	四川人民出版社
发行部业务电话	(028)86361653　86361656
防盗版举报电话	(028)86361661
印　　刷	三河市宏顺兴印刷有限公司
成品尺寸	143mm × 208mm
印　　张	5
字　　数	116 千
版　　次	2020 年 4 月第 1 版
印　　次	2023 年 8 月第 13 次
书　　号	ISBN 978 - 7 - 220 - 11828 - 9
定　　价	150.00 元(全五册)

前　言

为什么别人比我更成功？为什么别人的人际关系相处得那么好？为什么我总是暴躁不安？为什么我的小孩儿总是不听话？为什么我的工作总是不顺利？……

数不清的“为什么”。我们总是希望比别人更优秀、更幸福，却总是失望。于是，我们就将人生路上的一切不如意归咎于命运的不公平，埋怨自己的命不好，可是却从未思考这一切的根源以及自己应该如何改变现状。

你可能会问：这和墨菲定律有什么关系？成功不就是由运气和努力促成的吗？其实不然，成功是由真理和定律决定的。人类在历史上所取得的一切进步，在很大程度上正是由于正确并熟练运用了那些普遍存在的真理和定律而取得的。这些具有普遍意义的定律，使我们的生活成功而有意义。在这些定律里面，心理学作为影响人类方方面面的学科，不能不引起我们的重视。

本书将世界上最有用的心理学定律介绍给你。全书共分八章，借助众多与生活息息相关的案例系统地介绍了认知、情绪、社交、人生、心态、职场、成功等方面的心理学知识，全面解析了心理学的各种效应、法则和定律，使心理学真正成为服务于大众的应用型科学。学习和利用书中的知识，一定有助于读者在人际交往和工作事业方面获得更多更高的成就。

每个看似诡异或者理所当然的现象背后，都蕴藏着有趣并十分有用的心理学现象，翻开本书，从充满趣味的心理学定律中紧紧地扼住命运的咽喉吧！

2020 年 2 月

目　录
CONTENTS

第三章

人际交往中的心理学法则

第四章

摆脱桎梏，做时代的开创者

第五章

成功是成功之母

第六章

从自我提升到自我突破

第七章

社交达人的心理学技巧

第八章

你的自律，给你自由

第一章

自我认知，发现内心深处的自己

扫码收听全套图书

扫码点目录听本书

扫码点目录听本书

苏东坡效应：如何正确认识自我

苏东坡效应源于苏东坡的一句诗："不识庐山真面目，只缘身在此山中。"明明就站在山中，却偏偏不认识这座山头。社会心理学家将人们明明就拥有"自我"，却偏偏难以正确认识"自我"的心理现象称为"苏东坡效应"。

古时候，有一位解差押解着一位和尚前去京城。和尚是个聪明的人，一直都在想着逃跑的事。晚上的时候机会来了，在他们入住的店里，他将那位解差灌了个酩酊大醉，又借了店家的一把小刀，将解差的头发全剃光了，之后，他就一溜烟地逃跑了。这位解差半夜的时候醒了，一摸身边没了人，大吃一惊，要知道回去交不了差可是要掉脑袋的事。他赶紧在黑夜里又仔细地找了一遍，继而摸到了自己的光头，紧张感一下子被惊喜替代了。解差长舒一口气说："幸好和尚还在。"随之他又非常迷惑地问了句："那我在哪里？"

人要对自己有正确认知

创业信息
我最近一直在搜集创业信息，但还是想不到我具体可以做什么。
创业需要大量的前期投入，并不容易开展。但你上学的时候就很擅长写作，何不先试着做个专栏作者呢？

你的文章写得很有吸引力呢，这个月的专栏得到了大家的一致好评。
谢谢你上次的鼓励，我很喜欢现在的工作。果然人还是要认清自己才能获得成功。

和尚只不过是把解差的头发剃光了，解差就误以为自己即是和尚，闹出不知“我在哪里”的笑话。 虽然这仅是则笑话，但是生活中有不少人就像这位解差一样，对于“自我”这个就在自己手中的东西，往往难以正确认识。 正因如此，人们才会发出“人贵有自知之明”的感慨。

生活中的大多数人很少能真正地去思考“我是谁”的问题。 的确，这是一个看似无聊又无用的疑问，每个人都那么忙，有这工夫还不如去唱会儿歌、玩圈儿麻将、逛个街、听会儿音乐呢，这类的思考就留给那些“哲人”吧。 可是真的如此吗？先看下面这个故事吧。

20 世纪初，美国有位著名的牧师叫拉塞尔·康维尔，他以“埋藏宝石的土地”为题在美国举行了盛大的巡回演讲。据说他的演讲达 6000 多场，将所有美国人民的激情都带起来了。演讲是从一个故事开始的：从前，印度有位富裕的农民，他为了寻找埋藏有宝石的土地，变卖了自己的家产，开始四处寻找这传说中的宝藏。几年以后，他终于因为穷困和疾病而死去。后来，有人在他卖出的自家的土地上发现了珍贵的宝石。

康维尔用这样一个真实的故事，并辅以大量的实例，就是想告诉每个听众，人们苦苦寻找的，往往是自己所拥有的，但是人们并不自知。

“我”就是这么一个陌生的朋友，虽然近似咫尺，看似熟悉，却常常令人疑惑。 “我”是特殊的，是独一无二的。

从心理学上而言，个体的自我有两个解释：广义而言，它是指一切个体能够叫作“我的”的总和。比如，我的身体、心情、父母、朋友、工作等，通过“我的”的前缀，我们来确定对自己的存在的满足感；狭义的自我，就是指自己对心理活动的感知和控制脑的机能活动，是我们心理的特殊形式。

现实生活中，人们为了同这个现实的世界保持一致及和谐，都在扮演着不同的角色。比如，在父母面前我们扮演孩子，在孩子面前我们又扮演父母；在领导面前我们扮演下属，在下属面前我们又是领导；在好朋友面前我们扮演着知己，而在陌生人面前我们又仅仅是一个路人甲。角色本身决定着扮演者的共同轮廓，但是由于“自我”的不同，同样一个角色也可能有迥然不同的表现。显然，角色扮演者如何认识“自我”非常重要。

另外，苏东坡的诗句还给我们提供了另外的方法——“横看成岭侧成峰，远近高低各不同”。克服苏东坡效应的办法，可以深入“此山中”探其幽微，也可跳出“此山中”一览全景。也就是说，认识自己要将微观和宏观这两个“视角”结合起来，方可全面。

“不识庐山真面目，只缘身在此山中。”人是很难有自知之明的。假如既没有自知之明而又狂妄自大，就如一个人衣冠楚楚、彬彬有礼，一派绅士风度，却在屁股后面露出一条毛茸茸的尾巴，让大家忍不住发笑。事实上，这类笑话是司空见惯的。

认识自己，就是发现另一个自己，发现面具后面一个真实的自己，发现一个分裂的自己的各个部分，发现自己的偏见、愚昧、丑陋、冷漠、恐惧，发现自己的热情、灵感、勇气、创造力、想象力和独特个性。实际上，一个人多多少少是分裂的，在分裂的各个自我之间进行平等、理性的对话，也是一个人的内省过程，正是一个人的悟性从晦暗到敞亮的过程。正如真理越辩越明，在各个自我之间的诉说、解释、劝慰乃至激烈的辩论中，人心深处的仁爱、智慧和正义感就可能浮现。

善于认识自己的安提斯泰尼看到铁被铁锈腐蚀掉，他评论说，嫉妒心强的人被自己的热情消耗掉了——他是在同自己的嫉妒谈话，对自己内心潜伏着的嫉妒做出严正警告。他常去规劝一些行为不轨的人，有人便责难他和恶人混在一起，他反驳道：医生总是同病人在一起，而自己并不感冒发烧——他是在同自己的德行和自信谈话。他认为，那些想不朽的人，必须忠实而公正地生活——他是在同自己的信念谈话。

一生与孤独为伴的哲学之父、后精神分析大师克尔凯郭尔，是位善于认识自己的人。他在世时，整个世界都不理解他，甚至敌视和厌弃他。他一方面向整个世界的虚伪和庸俗宣战；另一方面回到自己的内心，不厌其烦地同自己谈话。

他在短短的一生中写了一万多页日记，也就是说，他几乎天天在同自己谈话。然而，正是这个“真正的自修者”，这个与世俗社会格格不入的“例外者”充满绝望和激情的自我倾诉，在许多年后成为震撼人类精神的伟大启示。

伟大的诗人都善于发现自己。因为只有善于发现自己，这些诗才更具真实性，更有穿透事物的尖锐性。

请看里尔克的最辉煌的作品是怎样写出来的：“不和任何人见面，除了对自己的内心说话之外，绝对不开口——这的确是我立下的誓言。”所谓“对自己的内心说话”，就是写诗，换一种说法，写诗就是诗人同自己谈话的一种方式。在同自己谈话的过程中，诗人把自己在生命冲突中体验到的种种图像精确地呈现出来，从而让我们看到了生存的陷阱、灵魂的锯齿、信念的血痕以及万物的疼痛。

诗人的声音必然是可靠的、真实的，摒除了所有虚伪、怯懦、狂妄和矫揉造作。世界上最感人的作品往往是作者的内心独白，比如里尔克的《杜伊诺哀歌》、卡夫卡的《城堡》和《变形记》、普鲁斯特的《追忆似水年华》、西蒙娜·薇依的《书简》等。

一个人如果认定自己是个有能力、有才华的人，那么他就会发挥出符合他这样认定的一切天赋；如果一个人认定自己是个笨蛋，是个窝囊废，那么他就不可能发挥出他实际存在着的潜能。一个人只要认定自己是个什么样的人，就要坚定不移地走下去，不管别人怎么看待和评论。

问题的关键在于，自己对自己的认定是否准确无误。如果自己的自我认定错了，那种错误的认定必将严重影响、困扰自己的一生。

人的自我认定是可以改变的，人生也会随着自我认定的改变而改变。当一个人不满意自己目前的状况时，就需要按下述几个步骤改造自己。

第一步，找到你心目中的人生榜样，为自己树立人生目标。把你所希望的自我认定的条件写下来，而后认真思考：

到底哪些人身上具有这些条件？自己是否可以效仿他们？设想自己已经融入了这一新的自我认定之中，在这一认定里的自己又该如何呼吸、如何走路、如何说话、如何思考、如何感受。

你如果想真正改变自己的自我认定和人生，那么从此刻开始你就得下定决心要成为什么样的人。你应回到孩提时代的心态，对未来满怀热望，列出成功人生所必须具备的各种特质。

第二步，列出你的行动方案，以便能够同这个新的人生角色相吻合。这时，你要思考怎样做才能实现自己的目标，你需要在人群中树立自己的全新形象，你要特别留意结交什么样的朋友，你的成功与你结交的朋友有很大的关系，要让你的新朋友强化而不是削弱你的自我认定。

第三步，你要每天提醒自己，不要让心中的目标淡化或者消失掉。这最后一步便是让你周围的人都知道你的这一新的自我认定，而更为重要的是要让你自己知道，你自己每天都要以这个新的自我认定来提醒、告诫、把握好自己。

确立新的自我认定后，不管周围的环境如何恶劣，周围的某些人如何嫉贤妒能，你都应该横下一条心，排除各种干扰，克服一切困难，全力实现自己所持守的价值与所做的美好之梦。

巴纳姆效应：改变自己，重塑自我

巴纳姆效应是由心理学家伯特伦·福勒于 1948 年通过实验证明的一种心理学现象。它主要表现为，每个人都会很容易相信一个笼统的、一般性的人格描述特别适合他。即使这种描述十分空洞，但他仍然认为反映了自己的人格面貌。而要避免巴纳姆效应，就应客观真实地认识自己。

台湾亚都丽致饭店总裁严长寿曾经建议年轻人在考虑下阶段要干什么时，首要之务就是先认识自己，尤其要有勇气去面对自己。在认识自己之后，接下来再认识职场。因为随时都有面临失业的一天，所以，每个人在职位上最大的保障就是随时要接受考验、挑战，保持进步。

为什么会有巴纳姆效应？其本质就是大多数人没有客观地认识自己，让自己卷入了一个空洞的程式之中。能准确地剖析自己、给自己定位的人，往往也能把自己放在一个准确的位置上，在职场这个无形的战场中步步为营、势如破竹；而对自己的认知处于模糊阶段的人，往往更容易相信一些大众化的描述，不去深究自己不同于别人之处，自然也就无法在职场中发挥自己的优势，让自己在千军万马中脱颖而出、节节胜利了。所以，无论何时何地，正确地认识自己并适当地改造自己，让自己向着最容易获得成功的方向挺进，都是一种智慧的选择。

只有很好地认识自己，知道自己的长处和不足，扬长避短，才能在职场中如履平地。如果只是抱着“当一天和尚撞一天钟”的心态在职场中混日子，那么你通向成功的道路可谓是渺茫的。

认识自己，才能把握自己的命运。一个人能认识自己、反省自己，舍弃一些不合时宜的理念，改造自己，扩大自己的视野，他的未来就会值得期待。

想要获得成功，一定要先认识自己，但认识自己不像照镜子那样简单，它有一个过程，需要勇力和信心。我们应该正确认识自己，因为你能自助，天才能助你。思雨是一名外语系的大学生，大学毕业后，她不像别的同学那样去找工作，而是在家里挖掘自主创业的信息，并做着各方面的准备。一段时间之后，她的小饰品店终于在一个繁华的路口开张了。尽管她很努力地采取各种措施吸引顾客，可是她店里的生意一直不好，有时候甚至入不敷出。她想了很久，也不知所以。后来，一位顾客对她说：“姑娘，你看起来很文静，也很有文采，你给每种商品写的软文都很动人，你为什么不试着做一个杂志社的编辑呢?”顾客走了之后，思雨开始静下心来思考这个问题，她终于明白，自己的优势在文字把握上，而自己却一直缘木求鱼，没有正确认识自己。自己一直认为自己是个做生意的料，不肯接受别的工作，而想要走上成功的路，就要有改造自己思想的魄力。想明白之后，她迅速做出改变，将这家店转让，找了一份时尚杂志编辑的工作。在新的工作岗位上，她发挥自己敏感而出众的文字优势，可谓是如鱼得水。看着杂志上自己写出的文章越来越受欢迎，她心里有说不出的高兴。

决策失误总是由认识失误造成的，所以关键是首先要认识自己。任何事业的成功之路，都是从认识自己开始的。但有时候自己可能很难清楚认识自己，此时，别人的一句话可能就会如醍醐灌顶一般将你点醒。所以有些时候，借助于他人的眼光来认清自己，未尝不是一种可行的方式。不论什么时候，认识自己，发现自己的弱点，并及时地改造自己，都算不上晚。

大多数人想要改造这个世界，但却罕有人想改造自己。可是环境不会轻易改变，解决之道在于改变自己。

过去你可能曾经尝试改变自己，以融入你认为的重要角色。我们要谈的并不是改变自己来顺应这个世界，也不是要如何变得更受人欢迎，或是如何让别人认为你是个成功的人，更不是如何能让社会接纳你，如何给你的朋友留下深刻印象。我们要谈的是和你的内在技能、天赋和价值观有关的事，然后让你所拥有的东西引导你通往成功之路，是抛开对自己的错误信念，让你愿意拥抱和接受属于你自己的成功。

有一个大师，一直潜心修练，几十年练就了一身“移山大法”。

有人虔诚地请教他：“大师用何神力，才得以移山？我如何才能练出如此神功呢？”

大师笑道：“练此神功很简单，只要掌握一点：山不过来，我就过去。”

谁都知道世上本无什么移山之术，唯一能够移动的方法就是：山不过来，我就过去。

现实世界中有太多的事情就像“大山”一样，是我们无法改变的，至少是暂时无法改变的。如果事情无法改变，我们可以来改变自己。如果别人不喜欢自己，是因为自己还不够别人喜欢。如果无法说服别人，是因为自己还不具备足够的说服能力。如果我们还无法成功，是因为自己暂时还没有找到成功的方法。

要想让事情改变，首先得改变自己。只有改变自己，才会最终改变别人；只有改变自己，才可以最终改变属于自己的世界。所以，如果山不过来，那就让自己过去吧！这可以让我们生活中的困扰迎刃而解。

鸟笼效应：先改变思维，再改变生活

鸟笼效应是一个很有意思的心理现象，发现者是近代杰出的心理学家詹姆斯。简单而言，它是说假如一个人买了一个空鸟笼放在家里，那么一段时间后，他一般会买一只鸟回来养或者丢掉这个鸟笼。

1907年，心理学家詹姆斯和他的好朋友卡尔森退休了，一天二人打赌。詹姆斯说："你信不信，我会让你在不久以后养上鸟？"卡尔森不屑地摇了摇头："我可从来没想过要养小鸟，我可不信你有这种魔力。"没过几天就是卡尔森的生日了，詹姆斯送给他一个非常精致漂亮的鸟笼，卡尔森笑着收下了礼物，他说，"老兄，你不要白费心血了。我是不会养鸟的，不过这个鸟笼倒是挺漂亮。"后来，卡尔森的家里每当有客人来时都会看到那个精美的鸟笼，并由衷地赞扬两句，然后他们几乎像商量好似的，会问同样的问题——教授，你的小鸟是怎么死的？尽管他每次都会向客人解释自己并未买过小鸟，可客人依旧困惑不解。最终，卡尔森只好买了一只鸟，以堵住客人的嘴。由此，詹姆斯的鸟笼效应生效了。

卡尔森为何最后妥协了或者说鸟笼效应为什么会存在？其原因在于当事人不愿意忍受每次面对他人怪异的目光时进行解释的麻烦，而买一只鸟比无休止地解释简单多了。心理学家认为，即便对空鸟笼没有人询问，也会给人造成心理压力，使其主动去购买与鸟笼相匹配的小鸟。人们常常不自觉地就会受到权威人士或多数人的影响。在上述故事中，卡尔森内心也是如此——当身边的人都开始询问关于鸟的问题时，他就开始思考自己是否应该换种选择，但是这又与自己最初的意愿相悖，由此让人产生“找不着北”的感觉。

实际上，在生活中我们也经常给自己的心里挂上一个空鸟笼，为了能与之匹配，我们在接下来的日子里，不断地往里添加东西。而在最初挂鸟笼的时候，或许我们并未想过由此会带来的连锁反应。

亲手经历过装修房子的人可能会有这样的体会：逛市场时，我们往往会被一些外表新颖、时尚的东西吸引，比如一个新潮的电脑控制的马桶。但事情并未就此结束，马桶这么精致，卫生间的瓷砖不能太差吧？瓷砖的质量、价格上去后，浴池或者淋浴设施的档次也不能显得太寒酸吧？还有那洗脸池、水龙头统统都得与酒店相媲美，整个卫生间看起来才更统一……把一切敲定后，我们才发现打造如此有品质的卫生间的费用远远超过预算，而这“罪魁祸首”就是那个马桶。有句话说是“女孩子的衣橱里永远少一件衣服”，很多女孩儿的衣橱里都会有几件“鸟笼”似的衣服。那件看起来时髦高档的皮衣，一时吸引得你连面对高价都没有退缩，但是买回后却没有合适的搭配，就此束之高阁又显得吃亏。于是，名牌裤子、时装鞋以及那个价值不菲的挎包都成了此后你需添加的东西。

生活中像这样的例子还有很多。我们原本按照自己的生活轨迹从容地生活着，但是在面对现实中诱惑和欲望的牵扯时，难以取舍。在眼花缭乱中迷失了自己，在山重水复中进退两难。其实，我们很多时候都是在自寻烦恼——先将鸟笼挂起，然后不由自主地往里添加东西。

通过鸟笼效应，我们还可以看到人们由于习惯，通常对于自认为的合理有种不假思索的肯定，而不合理的行为就会在此后温和的疑问中被遏制。比如一个千万富翁，如果仍旧租房子住、乘公车上下班、穿廉价的衣服，尽管他自己很享受这样的生活，但是在旁人看来，多少有些怪诞。于是甲会温和地问：“你有这么多钱为什么不买房子啊？”乙会问：“一套合适的西装，对于你而言简直是九牛一毛，你怎么不穿呢?”同样，丙和丁也会温和地提出自己的疑问。那富翁就像拥有精致的空鸟笼的卡尔森一样，在忍受不了旁人带有思维惯性的诘问后，不断地调整着自己的位置。

世界上最严酷的压迫，不是统治者的强权暴政，也不是严厉的法律，而是关于惯性和“正常”的文化。人们在大多数时候都易于用惯性思维看待事物，鸟笼里一定要养鸟，结婚必须有新房，富人就应该住别墅、开跑车，穷人就得在买东西时锱铢必较等。惯性思维可以帮助我们迅速地认识这个世界，并适应它。但是若将惯性思维扩展到生活的每一个角落，无疑这将演变成刻板的思维，从而造成认知上的偏差。

鸟笼如果做得足够精致，我们完全可以将其作为一种观赏品；真正相爱的人也可以学学流行趋势，先“裸婚”后买房……面对生活中的烦恼和问题，我们不妨偶尔尝试一下发散思维，用“突破鸟笼”的方式进行多角度、多层次的思考，不受现有知识和习惯的约束，而是在多种方案和途径中探索，这样一来，很多问题便会迎刃而解。

麦克是一家大公司的高级主管，他面临一个两难的境地。一方面，他非常喜欢自己的工作，也很喜欢工作带来的丰厚薪水，他的位置使他的薪水只增不减。但是，另一方面，他非常讨厌他的老板，经过多年的忍受，他发觉已经到了忍无可忍的地步了。在这种情况下，相信大部分人都会选择跳槽这条路。麦克也一样，在经过慎重思考之后，他决定去猎头公司重新谋一个别的公司高级主管的职位。猎头公司告诉他，以他的条件，再找一个类似的职位并不费劲。

回到家中，麦克把这一切告诉了他的妻子。他的妻子是一个教师，那天刚刚教学生如何重新界定问题，也就是把你正在面对的问题换一个角度考虑，把正在面对的问题完全颠倒过来看——不仅要跟你以往看这问题的角度不同，也要和其他人看这问题的角度不同。她把上课的内容讲给了麦克听，麦克也是高智商的人，他听了妻子的话后，一个大胆的创意在他脑中浮现了。

第二天，麦克又来到猎头公司，这次是请猎头公司替自己的老板找工作。不久，老板接到了猎头公司打来的电话，请他去别的公司高就，尽管他完全不知道这是他的下属和猎头公司共同努力的结果，但正好这位老板对自己现在的工作也厌倦了，所以没有考虑多久，他就接受了这份新工作。

这件事最美妙的地方，就在于老板接受了新的工作，结果他目前的位置就空出来了。麦克申请了这个位置，于是他就坐上了以前他老板的位置。

这是一个真实的故事。在这个故事中，麦克本意是想替自己找份新工作，以躲开令自己讨厌的老板。但他的妻子让他懂得了如何从不同的角度考虑问题，结果，他不仅仍然干着自己喜欢的工作，而且摆脱了令自己烦恼的老板，还得到了意外的升迁。

所以说在面对问题时，不能只从问题的直观角度去思考，要不断发挥自己智慧的潜力，从相反的方面寻找解决问题的办法，就会使问题出现新的转折。

调节自己的思想，实际上就是换一种思路。生活中的许多事情，当我们用旧的方法、旧的习惯行不通时，就要考虑换一种“手段”，换一种思路，说不定这一换，就换出了一条全新的阳光大道。只要一个人的思想认识随着社会生活的发展变化，不断地调节、转变，就能使人遇事时扭转局面。

调节思想认识就是转变思路，改变习惯，换一种思路海阔天空。看来做任何事，当我们感到困惑或尴尬时，当我们无能为力时，不能总是按规矩、老习惯、老脑筋去办。社会发展变化了，你就要多考虑考虑，能不能从另一个方面入手，能不能换一种思路，能不能从另一个角度思考，能不能改变一下固有的做法。只要你这样去思考，不断调节自己的思想，不把自己固定在一种模式里，你就可能找到出路，就可能获得成功。

第二章

自我掌控，做情绪的主人

踢猫效应：发怒之前先想想后果

一父亲在公司受到了老板的批评，回到家就把沙发上跳来跳去的孩子臭骂了一顿。孩子心里窝火，狠狠去踹身边打滚的猫。猫逃到街上，正好一辆卡车开过来，司机赶紧避让，却把路边的孩子撞伤了。

这就是心理学上著名的踢猫效应，描绘的是一种典型的坏情绪的传染所导致的恶性循环。

一般而言，人的情绪会受到环境以及一些偶然因素的影响，当一个人的情绪变坏时，潜意识会驱使他选择向无法还击的弱者发泄。受到强者情绪攻击的人又会去寻找自己的出气筒。这样就会形成一条清晰的愤怒传递链条，最终的承受者，即“猫”，是最弱小的群体，也是受气最多的群体，因为也许会有多个渠道的怒气传递到它这里来。

现代社会中，工作与生活的压力越来越大，竞争越来越激烈。这种紧张很容易导致人们情绪不稳定，一点不如意就会使自己烦恼、愤怒起来，如果不能及时调整这种消极因素带

胡乱发脾气会带来连锁反应

给自己的负面影响，就会身不由己地加入到“踢猫”的队伍当中——被别人“踢”和去“踢”别人。

在现实生活里，我们很容易发现，许多人在受到批评之后，不是冷静下来想想自己为什么会受批评，而是心里面很不舒服，总想找人发泄心中的怨气。

其实这是一种没有接受批评、没有正确地认识自己错误的表现。受到批评，心情不好这可以理解，但批评之后产生了踢猫效应，这不仅于事无补，反而容易激发更大的矛盾。

千万别动不动就指责别人，喜怒无常，我们要改掉这些坏毛病，努力使自己成为一个容易接受别人和被人接受、性格随和的人。只有这样的人才能成大事。

动辄愤怒是很多人的习性，这有碍于办成事、做大事。为什么？

我们每个人都避免不了动怒，愤怒情绪也是人生的一大误区，是一种心理病毒，它同其他病一样，可以使你重病缠身，一蹶不振。也许你会说：“是的，我也明知自己不该发怒，但就是控制不住自己。”若你是一个欲成大事者，你就应该注意，能不能消除愤怒情绪与你的情绪控制能力有关。

其实，并非人人都会不时地表露自己的愤怒情绪，愤怒这一习惯可能连你自己也不喜欢，更不用说他人感觉如何了。因此，你大可不必对它留恋不舍，它不能帮助你解决任何问题。任何一个精神愉快、有所作为的人都不会让它跟随自己。

商业活动中，常有意想不到的事发生。我们都知道，商业活动是带有很强的人情色彩的，如果处理不好的话，不仅会伤害对方的自尊，严重的甚至会直接影响自己的声誉和成败。这时你必须会调整自己的情绪，才能把事情办成。

一天下午，一位外国人突然气势汹汹地闯进某饭店的经理室："你就是经理吗？刚才我在大门口滑倒摔伤了腰。地板这么滑，连个防滑措施都没有，太危险了，马上送我去医院。"

见此情景，经理很客气地说："这实在抱歉得很，您的腰部不要紧吧？我们马上就送您去医院，请您稍坐一下。"

外国人坐在椅子上，继续抱怨不停。后来，饭店经理见对方已经镇定下来，便温和地说："请您换上这双鞋，我已和医院联系好了，现在我就送您去。"

其实早在外国人闯进来时，经理已经知道他的腰部没有多大问题。所以当外国人离开经理室时，就把换下的鞋悄悄交给秘书说："这双鞋后跟已经磨薄了，在我们从医务室回来以前把它送到楼下修鞋处换上橡胶后跟。"

检查结果，果如所料，未发现任何异常，他本人也完全冷静了下来，随后一同回到经理室。经理说："没有什么异常，比什么都好，这就放心了。请喝杯咖啡吧！"

外国人也感到自己方才太冒失了："地板太滑，太危险，我只是想让你们注意一下，别无他意。"

经理说："很冒昧，我们擅自修理了您的鞋，据鞋匠说，是后跟磨薄以致打滑。"

外国人接过刚刚修好的鞋，看到合适的橡胶鞋跟时，对鞋匠高超的技巧大为惊讶，便高兴地说道：“经理，实在谢谢您的厚意，对您给予的关怀照顾我是不会忘记的。”于是，愉快地握手后，外国人再次向经理道谢，才走出经理室。

经理送他出门说：“请您将这个滑倒的事忘掉吧，欢迎您再来。”外国人频频道谢，消失在人群中。

从此，只要这个外国人来此地，必定住这个饭店并到经理室致意。

事情不总是一帆风顺的，因此，当面对意外情况时，我们首先不要惊慌，要冷静一下，再去解决它。这个饭店的经理，就是一个很有“手段”的管理者，他懂得先以温和的语言将客人情绪稳定下来，以柔克怒，再用周到的服务使客人的一腔怒气化成满心欢喜，转祸为福，给饭店带来了很好的声誉。

会控制自己情绪的人，才能掌控别人。无法管理自己情绪的人，往往伤害了自己，又得罪了他人。因此，在关键时刻是不可以让怒火左右情感的，不然你会为此付出代价。那么怎样消除愤怒情绪呢？下面几点我们可以借鉴。

1. 愤怒的误区

如果你仍然决定保留心中愤怒的火种，你可以以不造成重大损害的方式来发泄愤怒。然而，你不妨想想，你是否可以在沮丧时以新的思维支配自己，且以一种更为健康的情感来取代使你产生惰性的愤怒。虽然世界绝不会像你所期望的那样，你很可能会继续厌烦、生气或失望；但无论如何，你完全可以消除那种不利于精神健康的有害情感——愤怒。

每当你以愤怒来应对他人的行为时，你会在心里说："你为什么不跟我一样呢？这样我就不会动怒，甚至会喜欢你。"然而，别人不会永远像你希望的那样说话、办事；实际上，他们在大多数情况下都不会按照你的意愿行事。这一现实永远不会改变。所以，每当你为自己不喜欢的人或事动怒时，你其实是不敢正视现实而让自己经受情感的折磨，从而使自己陷入一种惰性。为根本不可能改变的事物自寻烦恼真是太愚蠢了。其实，你大可不必动怒，只要你想想，别人有权以不同于你所希望的方式说话、行事，你就会对世事采取更为宽容的态度。对于别人的言行，你或许不喜欢，但决不应动怒。动怒只会使别人继续气你，并会导致生理上或心理上的病症。真的，你完全可以做出选择——要么动怒，要么以新的态度对待世事，从而最终消除愤怒。

也许你认为自己属于这样一类人，即对某人某事有许多愤愤不平之处，但从不敢有所表示。你积怨在胸，敢怒不敢言，成天忧心忡忡，最后积怨成疾。但是，这并不是那些咆哮大怒的人的反面。在你心里，同样有这样一句话："要是你跟我一样就好了。"你心想，别人要是和你一样，你就不会动怒了。这是一个错误的推理，只有消除这一推理，你才能消除心中的怨怒。以新的思维方式看待世事，以至根本不动怒，这才是最为可取的。你可以这样安慰自己："他要是想捣乱，就随他去，我可不会为此自寻烦恼。对他这种愚蠢行为负责的，是他不是我。"你也可以这样想："我尽管真不喜欢这件事，却不会因此陷入愤怒的误区。”

所以，为了走出这一误区，首先你要以一种平静的方式勇敢地表示出自己的愤怒，然后，以新的思维方式让自己保持精神愉快；最后，不再对任何人的行为负责，不因为别人的言行影响自己的精神状态。你可以学会不让别人的言行搅乱自己的心境。总之，你只要自尊自重，拒绝受别人的控制，便不会用愤怒折磨自己。

2. 消除愤怒的最佳方法——幽默

生活中有些人，他们对生活严格得近乎呆板，这当然是一种不可取的态度。只要我们观察一下周围那些精神愉快的人就会发现，他们最为明显的特点是善意的幽默感。让别人开怀大笑，在笑声中感受五彩缤纷的现实生活，这是消除愤怒的最佳方法。

对于“幽默”这个词，我们也许并不陌生，然而，究竟什么是幽默呢？心理学家认为：幽默是人的个性、兴趣、能力、意志的一种综合体现。它是语言的“调味品”，有了幽默，什么话都可让人觉得醇香扑鼻，隽永甜美；它是引力强大的磁铁，有了幽默，便可以把一颗颗散乱的心引入它的磁场，让每个人的脸上绽开欢乐的笑容；它是智慧的火花，可以说，幽默与智慧是天然的孪生儿，是知识与灵感勃发的光辉。

幽默中渗透着一种哲学的智慧。富有幽默感的人往往是一个奋力进取者。

幽默也能展示人的乐观豁达的品格。半夜时分小偷光临，一般不会令人愉快，可巴尔扎克却与小偷开起了玩笑。巴尔扎克一生写了无数作品，却常常手头拮据，穷困潦倒。有一天夜晚，他正在睡觉，有个小偷摸进他的房间，在他的书桌里乱翻。巴尔扎克惊醒了，但他并没有喊叫，而是悄悄地爬起来，点亮了灯，平静地微笑着说："亲爱的，别翻了。我白天都不能在书桌里找到钱，现在天黑了，你就更别想找到啦！"

幽默，实在具有神奇的魅力：可以为懒惰者带来活力，可以为勤奋者驱散疲惫；可以为孤僻者增添情趣，可以使欢乐者更加愉悦……

你的生活是否过于严肃，以至于你所看到的都是生活的荒谬之处？每当你的言行过于严肃时，提醒自己，你所享有的时间只是现在。当开怀大笑可以使你如此愉快时，为什么要以愤怒折磨自己呢？

笑吧，为笑而笑，这就是笑的理由。其实，你并不需要为笑寻找理由，只要笑，这就足够了。冷静地观察生活在这个世界上的各种人——包括你自己，而后再决定选择愤怒还是幽默。请记住，幽默会使你和其他人都得到生活中最珍贵的礼物——笑容。开怀大笑吧，笑声会使你的生活充满阳光。

3. 愤怒的表现形式

不管在什么时候，你都可以看到人们动怒的情形。不管在什么地方，你都可以看到人们陷入不同程度的愤怒——从轻微的烦躁不安到严重的咆哮大怒。愤怒是一种逐渐形成的习惯，更是一种侵蚀人际关系的癌症。下面是人们愤怒时的常见情形。

(1)当他人干事马虎、丢三落四时动怒——你的怒气很可能会鼓励别人继续自行其是，而你自己也会继续气下去。

(2)对无生命的东西动怒——要是你胫骨给撞了或大拇指给锤子砸了，尖叫一声倒可以减轻不少痛苦。但如果你为此大动肝火并做出某种行为，如用拳头砸墙，那样不仅无济于事，反而会使你更加痛苦。

(3)因丢失东西动怒——不管你怎样咆哮大怒，丢失的钥匙或钱夹都不会物归原主。相反，它只会阻碍你有效地寻找遗失的物品。

(4)因个人不能控制的天下大事动怒——你可以不满意政治局势、外交关系或经济状况，但你的愤怒以及随之而来的惰性却不会改变任何事情。

上面我们列举了人们可能动怒的若干情况，现在让我们看看愤怒有哪些主要形式：

(1)责骂讥讽——经常对爱人、孩子、父母或朋友如此。

(2)粗暴行为——摔东西、掼门甚至动手打人等。当此类行为走向极端时，便会导致暴力犯罪。

(3)语言发泄——“他真把我气死了”“你太让人生气了”“宰了他”“揍扁他们”或“逆我者亡”，等等。虽然你可能会认为这仅仅是讲讲而已，但这些话却助长愤怒情绪和暴力行为，会使友好竞赛变成愤怒逞强的暴力争斗。

(4)大发脾气——这不仅是通常表示愤怒的方式，而且往往使发脾气的人难以如愿以偿。

(5)不沟通、生闷气——这些方法同暴力行为一样，具有很大的破坏作用。

4. 消除心中的怒气

发怒，完全是一种可以消除与避免的行为，只要好好地把握自己，你就可以让自己走出这一误区。当然，你需要选择很多新的思维方式，并且需要逐步实现。每当你遇到使你愤怒的人或事时，要意识到你对自己说的话，然后努力用思维控制自己，从而使自己对这些人或事产生新的看法，并做出积极的反应。下面是消除愤怒情绪的若干具体方法。

(1)当你愤怒时，首先冷静地思考，提醒自己，不能因为过去一直消极地看待事物，现在也便如此，自我意识是至关重要的。

(2)当你想用愤怒情绪教育孩子时，可以假装动怒，提高嗓门儿或板起面孔，但千万不要真的动怒，不要以愤怒所带来的生理与心理痛苦来折磨自己。

(3)不要欺骗自己。你可以讨厌某件事，但你不必因此而生气。

(4)当你发怒时，提醒自己，人人都有权根据自己的选择来行事，如果一味地禁止别人这样做，只会助长你的愤怒。你要学会允许别人选择其言行，就像你坚持自己的言行一样。

(5)请可信赖的人帮助你。让他们在你动怒时提醒你。

(6)在大发脾气之后，大声宣布你又做了件错事，现在你决心采取新的思维方式，今后不再动怒。这一声明会使你对自己的言行负责，并表明你是真心实意地想改正这一错误。

(7)当你要动怒时，尽量不要靠近你所爱的人。

(8)当你不生气时，同那些经常受你气的人谈谈心，互相指出对方最容易使人动怒的那些言行，然后商量一种办法，平气静心地交流看法。比如可以写信，或由中间人传话抑或是一起去散步等，这样你们便不会以愤怒相待。

(9)当你要动怒时，花几秒钟冷静地描述一下你的感受和倾听对方诉说自己的感受，以此来消气。最初10秒钟是至关重要的，一旦你熬过这10秒钟，愤怒便会逐渐消失。

(10)不要总是对别人抱有期望。只要没有这种期望，愤怒也就不复存在了。

在遇到挫折时，不要屈服于挫折，应当接受逆境的挑战，这样你便没有空闲来动怒了。

愤怒没有任何好处，它只会妨碍你的生活。同其他所有误区一样，愤怒使你以别人的言行确定自己的情绪。现在，你可以不用理会别人的言行，大胆选择精神愉快——而不是愤怒。

心理摆效应：别让情绪随钟摆

心理学家研究表明，人的情绪不仅会在短时间内呈现出较大的波动，而且也会在长时期内出现由高涨到低潮的周期性变化。这种心理现象便是心理摆效应。

在外界刺激下，人们常常会产生各种不同的情绪。每一种情绪都有不同的等级，还有着与之相对立的情感状态，像爱与恨、喜与悲等。研究表明，在特定背景的心理活动过程中，感情的等级越高，呈现的“心理斜坡”就越大，越容易向相反的情绪状态转化。比如，假如你现在情绪高昂，可能在接下来的某一时刻，你会因为某种突如其来的外界刺激，很快感到无比沮丧。反之亦然。

林则徐因主持禁烟运动，不向外国势力屈服，而被后人敬仰、颂扬。

据传，林则徐初到广东主政的时候，常常感到怒不可遏。因为他所面对的，不仅是贪腐成性的本国官员、骄横无礼的英国商人，还有二者毫无廉耻的勾结以及上司毫无道理的阻挠。每当此时，林则徐都要盯看书房中悬挂的那块匾，沉吟良久。那匾上写有两个大字——“制怒”。每次，林则徐都要等怒气消散后，才去处理政事。后来，经过明察暗访、周密部署，终于将广东各地的鸦片烟一网打尽。“虎门销烟”的壮举，显示了中国人抵抗外侮的决心和胆魄。

大起大落的情绪不仅会给自己的身心带来伤害，还会让我们失去理智，做出一些出格的举动。情绪化地处理问题，虽然可以逞一时之快，却不能实际地解决问题，还常常把事情弄得更糟。身居要职的林则徐当然深明此理。“制怒”二字所起的作用，也就在于提示和警醒——在怒气的峰顶，做一番缓冲，重回理性、理智。

20世纪初，英国医生费里斯和德国心理学家斯沃博特同时发现了一个奇怪的现象：有一些有精神疲倦、情绪低落等症状的患者，每隔28天就来治疗一次。他们由此将28天称为“情绪周期”，认为每个人从出生之日起，情绪以28天为周期，发生从高潮、临界到低潮的循环变化。在情绪高潮期内，我们会感觉心情愉悦，精力充沛，能够平心静气地做好每件事情；在情绪的临界期内，我们会觉得心情烦躁不安，容易莫名其妙地发火；而在情绪低潮期内，我们的情绪极度低落，思维反应迟钝，对任何事情都提不起兴致，严重时还会产生悲观厌世的情绪。

既然我们已经知道情绪会像钟摆一样，发生周期性的波动，那么，我们可以根据自身的情绪周期，对自己的生活做一些调整。我们可以通过有意识的记录，确定自己情绪变化的周期，以便提前预知自己的情绪变化，避免情绪给我们的生活带来的负面影响，比如在自己情绪比较好的时候做那些比较复杂的事，而在自己情绪稍差的时候做那些平时喜欢做的事，等等。

另外，在被坏情绪纠缠的时候，也要懂得倾诉与自我调理、自我安慰。印度电影《三傻大闹宝莱坞》的主人公们，每当遭遇困难的时候，都会以手抚心，在口中默念："All is well!"（一切都会好起来的）这其实是一种很好的心理暗示。

罗杰是一个普通的上班族，收入不高，然而，他过着非常快乐的生活。

罗杰很爱车，但是，凭他的收入想买车是不可能的事情。与朋友们在一起的时候，他总是说："我要是有一辆车该多好啊！"眼中尽是无限向往之情。

后来有人说："你去买彩票吧，中了大奖就可以买车了！"

于是罗杰买了两块钱的彩票。可能是上天过于照顾他吧，朋友们几乎不敢相信，罗杰就凭着两块钱的一张彩票，果真中了大奖。

罗杰终于实现了自己的愿望，他买了一辆车。他一有时间就开着车兜风，许多人常看见他吹着口哨在路上行驶，车子擦得一尘不染。

一天，罗杰把车泊在楼下，半小时后下楼时，发现车被盗了。

刚开始，罗杰有些遗憾，但更多的是气愤，他恨透那个偷车贼了。他晚上思考了很久，第二天早晨，他又变得很开心。

几个朋友得到消息，想到他爱车如命，花这么多钱买的车眨眼工夫就没了，都担心他受不了，就相约来安慰他。

朋友们说："罗杰，车丢了，你千万不要悲伤啊！"

罗杰却大笑起来："嘿，我为什么要悲伤啊？"

朋友们疑惑地望着他。

"如果你们谁不小心丢了两块钱，会悲伤吗？"罗杰说。

"那当然不会！"有人说。

"是啊，我丢的就是两块钱啊！"罗杰笑道。

是的，不要为两块钱而悲伤。罗杰之所以过得快乐，就因为他能够驾驭生活中的负面情绪。

负面情绪会成为前进道路上的荆棘，如果对负面情绪采取放任自流的态度，就会很容易影响生活。

从前，东京电话公司处理了一次事件。一个气势汹汹的客户对接线生口吐恶言，威胁要把电话连线拔起。他拒绝交付那些费用，说那些费用是无中生有。

他写信给报社，并到公共服务委员会做了无数次申诉，也告了电话公司好几状。最后，电话公司派一个最干练的调解员去会见他。

调解员来到客户家里，道明来意。愤怒的客户痛快地把他的不满发泄出来，调解员静静地听着，不断地说“是的”，同情他的不满。这次见面花了6小时。

调解员与愤怒的客户就这样会了4次面，到最后，客户变得友善起来了。

调解员说：“在第一次见面的时候，我甚至没有提出我去找他的原因，第二、三次也没有，但是第四次我把这件事完全解决了。他把所有的账单都付了，而且撤销了那份申诉。”

事实上，那个用户想要的是一种重要人物的感觉，他先以口出恶言和发牢骚的方式获得这种感受。但当他从一位电话公司的代表那里得到了重要人物的感觉后，无中生有的牢骚就化为乌有了。

这个聪明的调解员就这样轻易地驾驭了负面情绪，把负面情绪转化成了一种成功的动力。

保持健康的情绪状态，还需要在头脑中装上一个控制情绪活动的“阀门”，让情绪活动听从理智和意志的节制，而绝对不能放任自流。

凡是理智和意志能有效地节制情绪的人，也就能基本保持情绪的平静和稳定，这是取得成功的关键。

驾驭自己的负面情绪，努力发掘、利用每一种情绪的积极因素，是一个人成功的基本保证。

许多不善于利用自己情感智力的人，面对负面情绪侵扰的时候，总感到无所适从，任其啃噬心灵。

不少人特别在意别人对自己的感觉，诸如，自己穿了件时装，别人会怎样评价；自己的某个动作，别人会如何看待；甚至不小心说了一句什么话，也会后悔不迭，总担心别人会因此对自己有看法。生活在别人的眼光中，是非常累的，无疑会对自己的情绪有负面影响。

莫娜在某届运动会上被公认为夺冠人选，她在进场时引起了大家的欢呼，她也很高兴地对大家挥手致意。

不料，这时她被台阶绊了一下，摔倒了。

面对如此多的观众，莫娜感到十分没面子，心里升腾起一种羞愧的感觉，直到进入比赛，她还没有从羞愧的情绪里走出来。结果，她没有发挥出自己的水平，比赛成绩远远落在了其他队员的后面。

其实，一些小事根本就不值得一提，别人根本没有在意或早已忘却，只有你还耿耿于怀，这就是人们无法战胜自己的体现。人们总是努力地想去扮演一个完美主义者的形象，然而这似乎太苛刻了，只会加重你情绪的负面影响，给自己的心理造成障碍。

皮格马利翁效应：说我行，我就行

皮格马利翁效应是由美国著名心理学家罗森塔尔和雅格布森通过反复实验证明的理论，因而又称“罗森塔尔效应”。1968 年，两位心理学家来到一所小学，他们从中选了 3 个班级进行“发展测验”，然后以赏识的口吻把将有优异发展可能的学生名单交给了老师。8 个月后，他们回到学校，发现名单上的学生成绩有了明显进步，而且人格发展也日趋完善，与教师关系也特别融洽。实际上，心理学家提供的名单只是随机抽取的，却坚定了教师对名单上的学生发展优势的信心，因而在平时给予他们更多的期望、赞美和信任。而学生在教师的积极暗示下，潜移默化，自然进步神速。皮格马利翁效应启示人们，积极期望具有一种能量，它能改变人的行为，使人变得自尊、自信，获得积极向上的动力。

神秘的古希腊神话中，有一位国王叫皮格马利翁。他性情孤僻高傲，常常一个人生活，但是却能雕刻出惟妙惟肖的作品。后来，他用象牙雕刻出了一座自己心目中的理想美女像，给她取名加勒提亚。他和雕像相依为伴，把自己全部的热情和希望都投射在了这个被雕刻出来的少女雕像身上，爱神阿佛洛狄忒被他深深打动，把雕像变成了真人。皮格马利翁于是娶加勒提亚为妻。

这个美丽的神话故事告诉人们，只要你一直想着一件事，并期望这件事能朝着你心中所想的那样发展下去，它就会变成现实。 或者你抱着百分之百的心态对待一件事，它就能实现。

皮尔·保罗担任诺比塔小学的董事长兼校长。诺比塔小学坐落于纽约声名狼藉的大沙头贫民窟。这里是偷渡者和流浪汉的聚集地，环境肮脏，充满暴力。生活在这里的孩子们几乎个个从小就染上了逃学、打架、偷窃甚至吸毒的恶习。

皮尔·保罗想了很多方法，也没能改变孩子们的现状，他们依然旷课、斗殴，打砸教室的玻璃和黑板。在一次偶然的机会下，他发现此地盛行迷信，于是上课时就多了一项内容——给孩子们看手相，希望以此激励、改变学生。

当一个黑人小男孩儿把手伸向讲台，皮尔·保罗说："我一看你修长的小拇指就知道，将来你是咱们州的州长。"这句话让小男孩儿大吃一惊，从没有人告诉他可以走出这个贫民窟，哪怕是从事一份体面的工作。可是，校长竟然预言他将来会当州长。这多么激动人心！

从那天起，小男孩儿的衣服上不再沾满泥土，说话也不再夹杂着粗言秽语。他开始挺直腰板儿走路，在以后的几十年间，无时无刻不按州长的身份要求自己。

51岁那年，昔日的黑人小男孩儿终于当上了州长。

当他回答记者“是什么把你推向州长宝座”的问题时，他只谈到了一个名字——皮尔·保罗。

皮尔·保罗校长的一句美好“预言”扭转了一个贫民窟男孩儿的命运，他充当了皮格马利翁的角色，而这个原本被视为“烂泥扶不上墙”的穷孩子，在校长的积极期待中下意识地一直按照州长的形象塑造自己，改掉陋习，脱胎换骨，最终实现了校长的预言。其实，在他人的期待下，自我暗示也起着极大的作用。当你告诉自己“我能行”，实际上，结果往往真的是“我行了”。

皮格马利翁效应在现实生活中的应用十分广泛，比如在教育领域的赏识教育，还有在管理领域的赞美激励措施，那么，在情绪心理方面，它能带给人们什么启示呢？

皮格马利翁效应其实体现的就是暗示的力量。他人期望的影响正是通过本人内化为自我期望，才能对个人行为真正起作用。而这个自我期望就是自我暗示。一个人的自我期望如何，取决于这个人的自我认识。积极的自我认识，就会期望“我行”，坚信自己是聪明的、有能力的、能干好某事的、能学好功课的、能承担一切任务的、能控制某种情绪的等，结果真的能够如愿以偿。反之，则是消极的自我认识，意味着自我暗示“我不行”，那结果将会很糟糕。

生活中我们或许有这样的经验，小时候如果生了一次小病，为了光明正大地逃学，留在家里看电视，我们就会装腔作势地向妈妈渲染病情，当大人们终于信以为真的时候，我们发现反而不能如愿以偿地开心玩游戏了，因为我们的身体不适没有消失，反而加重了。这就是自我暗示。又比如，当你穿了一件自以为很漂亮的衣服去上班，结果好几个同事都说不好看，你就开始怀疑自己的审美观和判断力了。于是下班后，你回家做的第一件事就是把衣服换下来，并且决定把它放在衣柜里“冷藏”。

人很容易受到心理暗示的影响，当你告诉自己要冷静的时候你就会慢慢冷静下来，当你告诉自己“这事真让人生气”的时候你就会真的生气。心理暗示包括自我暗示和他人暗示。一个人如果缺乏独立人格和自我，就会很容易不加批判地受到他人暗示的影响，不管是正面还是负面影响都会照单全收。这样非常不利于个人情绪的培养。

皮格马利翁效应可以改变一个人的外貌、性格和命运。而在情绪管理中，坚持积极的心理暗示，能改变一个人的情绪。在实际生活中，我们可以充当自己的皮格马利翁，运用恰当的暗示手段调节情绪，使自己的情绪保持在最佳状态。

自我或他人暗示的力量振奋人心，然而值得人们注意的是，皮格马利翁效应更多地指向外界和他人对自我的影响。如果这种影响是积极的、正面的，事情则会朝着美好的方向发展；如果这种影响是消极的、负面的，则会出现不好的结果。因此，在皮格马利翁效应面前，人们千万不能盲目地推崇它，完全被它左右。外界的鼓励和批评是每个人都必须面对的问题，如果总是因为别人的态度而改变自己，需要别人的暗示才能行动和下决定，不仅是一种很不成熟的表现，严重者还会产生依赖倾向。只有自己的内心已经有了比较好的自我认知，人们才会有选择性地去进行积极暗示——无论是正面的欣赏，还是负面的批评。

美国心理学家瞿特举过一个例子：

> 有一天，友人弗雷德感到意气消沉。他应付情绪低落的办法通常是避不见人，直到这种心情消散为止。但这天他要和上司举行重要会议，所以决定装出一副快乐的表情。他在会议上笑容可掬，谈笑风生，装成心情愉快而又和蔼可亲的样子。
>
> 令他惊奇的是，不久他发现自己果真不再抑郁不振了。

弗雷德并不知道，他无意中采用了心理学研究方面的一项重要新原理——装着有某种心情，往往能帮助他们真的获得这种感受——在困境中有自信心，在不如意时较为快乐。

心理学家艾克曼的最新实验表明，一个人总是想象自己进入某种情境，感受某种情绪，结果这种情绪十之八九真会到来。一个故意装作愤怒的实验者，由于角色的影响，他的心率和体温会上升。心理研究的这个新发现可以帮助我们有效地摆脱坏心情，其办法就是“心临美境”。

例如，一个人在烦恼的时候，可以多回忆愉快的时候，还可以用微笑来激励自己。当然，笑要真笑，要尽量多想快乐的事情。为什么“自卖自夸”的人会容易成功？这是因为他们用肯定的方式使自己变得自信，并感染了自己，使自己变得成功。

积极心态来源于在心理上进行积极的自我暗示。反之，消极心态是经常在心理上进行消极的自我暗示的结果。它是一种自动的暗示，沟通人的思想与潜意识。它是一种启示、提醒和指令，它会告诉你注意什么、追求什么、致力于什么和怎样行动，因而它能支配和影响你的行为。

一个人可以通过积极的心理暗示，自动地把成功的种子和创造性的思想灌输到潜意识的大片沃土中。相反，也可以灌输消极的种子或破坏性的思想，而使潜意识这块肥沃的土地满目疮痍。

也就是说，不同的意识与心态会有不同的心理暗示，而心理暗示的不同也是形成不同的意识与心态的根源。之所以说心态决定命运，正是以心理暗示决定行为这个事实为依据的。

第三章

人际交往中的心理学法则

首因效应：第一印象决定人际成败

首因效应是由社会心理学家卢钦斯通过实验首次得到证实的。它是指人与人在交往过程中给人留下的第一印象，这种印象会在人们的头脑中形成并占据主要的地位。

有位心理学家撰写了两段文字，讲的是一个叫吉姆的男孩儿一天的活动。其中一段将吉姆描写成一个活泼外向的人：他与朋友一起上学，与熟人聊天，与刚认识不久的女孩儿打招呼等；而另一段则将他描写成一个内向的人。

研究者让有的人先阅读描写吉姆外向的文字，再阅读描写他内向的文字；而让另一些人先阅读描写吉姆内向的文字，后阅读描写他外向的文字，然后请所有的人都来评价吉姆的性格特征。结果，先阅读外向文字的人中，有 78% 的人评价吉姆热情外向；而先阅读内向文字的人，则只有 18% 的人认为吉姆热情外向。

可见，人们在不知不觉中，倾向于根据最先接收到的信息来形成对别人的印象。

这就是第一印象的作用。第一印象又称为初次印象，指两个素不相识的陌生人第一次见面时所获得的印象。那么，第一印象真的有那么重要，以至于在今后很长时间内都会影响别人对你的看法吗？

一个新闻系的毕业生正急于寻找工作。一天，她到某报社对总编说："你们需要编辑吗？"

"不需要！"

"那么记者呢？"

"不需要！"

"那么排字工人、校对呢？"

"不，我们现在什么空缺也没有了。"

"那么，你们一定需要这个东西。"说着她从公文包中拿出一块精致的小牌子，上面写着"额满，暂不雇用"。总编看了看牌子，微笑着点了点头，说："如果你愿意，可以到我们广告部工作。"

这个大学生通过自己制作的牌子，表现了自己的机智和乐观，给总编留下了美好的"第一印象"，引起对方极大的兴趣，从而为自己赢得了一份满意的工作。并且，因为对她有良好的第一印象，总编一直对她印象颇佳。由此可见，第一印象真的很重要！

人们对你形成的某种第一印象，通常难以改变。而且，

面试中的首因效应

你们需要一个编辑吗？
不需要。
你们需要一个记者吗？
不需要。
那么排字工人、校对呢？
不，我们现在什么空缺也没有了。
那么，你们一定需要这个东西。
额满，暂不雇用
如果你愿意，可以到我们广告部上班。

人们还会寻找更多的理由去支持这种印象。

有的时候，尽管你表现的特征并不符合原先留给别人的印象，人们在很长一段时间里仍然要坚持对你的最初评价。第一印象在人们交往时所产生的这种先入为主的作用，被叫作首因效应。

人类有一种特性，就是对任何堪称“第一”的事物都具有天生的兴趣并有着极强的记忆能力。承认第一，却无视第二。不经意地，你就能列出许许多多的第一。如世界第一高峰、美国第一个总统、第一个登上月球的人等，可是紧随其后的第二呢？你可能说不上几个。

在生活中，每个人同样对第一情有独钟，你会记住第一任老师、第一天上班的情形、初恋等，但对第二就没什么深刻的印象。这就是首因效应的表现。

心理学家认为，第一印象主要是一个人的性别、年龄、衣着、姿势、面部表情等“外部特征”。一般情况下，一个人的体态、姿势、谈吐、衣着打扮等都在一定程度上反映出这个人的内在素养和其他个性特征。

无论你认为从外表衡量人是多么肤浅和愚蠢的观念，但社会上的人们每时每刻都在根据你的服饰、发型、手势、声调、语言等自我表达方式在判断着你。

无论你愿意与否，你都在留给别人一个关于你形象的印象，这个印象在工作中影响着你的升迁，影响着你的自尊和自信，影响着你的幸福感。

或许有人会认为第一印象不可靠，毕竟两个人不认识，彼此不了解，但是你可不要小看这第一印象。在你留给一个人的所有印象中，第一印象的作用最强，持续时间也是最长的，它是一个人或者是一个物体在人的头脑中形成一个整体印象的基础和前提条件。在日常人际互动中，人们所说的“一见如故”“一见倾心”“一见钟情”，也都是首因效应的力量。如果在和某人第一次见面的时候，你没有能给他留下一个好的印象，那么以后想要留下好的印象将是一件非常困难的事。

20世纪70年代，日本关西地区的搬家公司如雨后春笋般崛起，在这种形势下，寺田千代乃夫妇也开了一家搬家公司。

正当夫妇俩为如何宣传即将成立的搬家公司绞尽脑汁时，手里的电话号码簿给了他们灵感。日本的电话号码簿是按照行业分类的，同一行业的排列顺序又是以企业的日语字母为序，于是他们就给自己的公司起名为“阿托搬家公司”，公司的电话号码为“01234”。

一般来说，平时人们在电话号码簿中挑选搬家公司，排在第一位的总是很容易被发现并记住。寺田夫妇正是利用了这一规律为自己的公司做了一个免费广告，很快便吸引了大批用户，逐渐成为同行业中的佼佼者。

心理学家发现，人类对于任何堪称第一的事物，都具有天生的兴趣和极强的记忆能力，而对第二、第三等则往往印象不深。寺田夫妇正是运用了首因效应使其搬家公司脱颖而出。同样的道理，第一印象在社交场合也显得尤为重要。

读过《三国演义》的人或许还记得，被称为凤雏先生的庞统有着过人的才华，甚至能与诸葛亮比肩，但是，正是因为他外貌丑陋，第一次见面就给人留下了不悦的印象。孙权“见其人浓眉掀鼻，黑面短髯，形容古怪，心中不喜”，刘备“见统貌陋，心中亦不悦”，所以，孙权不用庞统，而刘备刚开始也仅仅把他封为一个小县令。

众所周知，外貌和才华、修养是没有必然联系的，但是礼贤下士的孙权、刘备尚且避免不了这种偏见，可见第一印象影响之大。有关心理学家通过研究发现，第一印象的形成非常短暂，有人认为是见面的前 45 秒，有人甚至认为是前两秒，一眨眼的工夫，人们就可以对某个人下结论了。所以，第一印象的形成对日后的交往起着非常大的作用。

在人们漫长的一生中，总是避免不了要接触、认识各种各样的人，有的或许只是一面之缘、萍水相逢，有的或许能带给你人生中一次重大的转机，但是无一例外都始于你留给他人的第一印象。比如求职面试，短短的几分钟就能让面试官决定是否留用你；比如相亲，匆匆一面，对方便能决定是否把你列入考虑范围；比如“见家长”，一次交谈便能决定你在对方父母眼里的形象……如果初次见面能给他人留下良好的印象，就等于为你的形象加了分，就等于扩展了你的社交领域。

外国有一个心理学家曾做过一个实验：他选出一组人像照片，分别分为好看、中等和难看三组，然后让人们对其进行评价。结果出来一看，人们对漂亮的人的积极评价最多，而对长得难看的人的消极评价最多，要知道这些发表评价的人从未见过照片上的人，也从不知道他们的任何信息。

这个实验也就说明了，人们会在自觉和不自觉间对好看的事物和好看的人抱有好感，而对不能给人美感的人和物有一种抵触的情绪，原因就在于第一印象的作用。因此，我们在社会交往中，可千万要注意与人初次见面的第一印象。

刺猬法则：距离产生美

有这样一个故事：在冷风瑟瑟的冬日里，有两只困倦的刺猬想要相拥取暖休息。但无奈双方的身上都有刺，刺得双方无论怎么调整睡姿也睡不安稳。于是，它们就分开了，保持一定的距离，但又冷得受不了，于是又凑到了一起。几经折腾，两只刺猬终于通过自己的努力找到了一个合适的距离，既能互相取暖，又不至于刺到对方，于是舒服地睡了。这就是心理学上著名的刺猬法则。

员工与老板之间的相处就像两只相互取暖的刺猬，需要调整距离，相互磨合，达到一个最佳的状态。但无论怎样调整，始终要记得，老板终究是老板。同事之间也是如此，距离产生美，若即若离的感觉最有利于工作的进行和展开。

与同事相处，太远了当然不好，人家会认为你不合群、孤僻、不易交往；太近了也不好，容易让别人说闲话，而且也容易令上司误解，认定你是在搞小圈子。所以说，不即不离、不远不近的同事关系，才是最难得和最理想的。

虽有人认为“好朋友最好不要在工作上合作”，但大家都是打工仔，聚在一起工作并不奇怪。如果某天，公司来了一位新同事，他不是别人，正是你的好友，而且，他将会成为你的搭档，上司将他交托于你，你首先要做的是向他介绍公司的架构、分工和其他制度。如果在接待他时你战战兢兢，未免太敏感了；不如放轻松点，就当他是普通的同事吧。这时候，不宜跟他过分亲密，以免惹来闲言闲语。

办公室里与同事相处，大前提是公私分明。在公司里，同事是你的搭档，你俩必须精诚合作，才可以制造良好的工作效果。如果同事是新人，许多地方是需要你提示的，这时，你就得扮演老师的角色，当然不能颐指气使，更不应倚老卖老引起他人反感。

私底下，你俩十分了解对方，也很关心对方，但这些表现最好在下班后再表达吧。跟往常一样，你俩可以一起去逛街、闲谈、买东西、打球，完全没有分别，只是闲暇时还是少提公事为妙，难道你一天工作 8 小时还嫌不够吗?

许多公司有不成文的习惯，就是获升职者要请客，你若身处这样的公司，当然要入乡随俗。至于请客请些什么呢?

那要视加薪额和职级而定，一则是量入为出，二则是身份问题。如果你只是小文员一名，却动辄请同事吃海鲜大餐，未必个个会欣赏，可能有人认为你太招摇。所以，一切最好依照旧例，人家怎样，你就怎样。有人当面恭维：“你真棒，什么时候再请第二次?”你可微笑地回答：“要请你吃东西，什么时候都可以呀!”一招太极就能解决问题。

要是相反，有同事表示要请客祝贺你，应否答应?

当然要答应，否则就是不赏脸，不接受人家的好意。不过，答应之余，请考虑：对方是否一向与你投契得很，纯是出于一片真心，还是彼此只属泛泛之交，此举只是“拍马屁”？前者你自然可以开怀大嚼，后者嘛，吃完之后最好反过来做东，这样既没接受他的殷勤，又没有开罪对方。

许多公司有欢迎新同事和欢送旧同事的习惯，身在其间的你，应否热烈支持这些行动？

欢迎会目的是联络感情，欢送会则表示合作愉快或感谢过去的帮忙。所以，前者你不必一定出席，除非你的工作岗位是公关或人事部。至于后者，就比较复杂，你应该小心衡量一下。

这位同事与你有没有关系？如果是毫无交情的，可以不必参加聚会，但慰问一下是必要的，那是礼貌，也表示你的关心，何况他日你们或许还有机会共事。

要是常常接触的，但交情普通，则在公在私也该出席聚会，显示你确实欣赏和不舍得对方，分手时，最好表示你的祝福。

若对方是你的助手或更亲密的搭档，最理想的是既参加大伙儿的聚会，又私下请对方吃一顿午饭，或是送一点纪念品，以表示你的感谢和友情。

只有和同事们保持合适距离，才能成为一个真正受欢迎的人。

你应当学会体谅别人。不论职位高低，每个人都有自己的工作范围和责任，所以在权力上，切莫喧宾夺主。不过记着，永不说“这不是我分内事”之类的话。过于泾渭分明，只会搞坏同事间的关系。在筹备一个项目前，谦虚地问上司：“我们希望得到些什么？要项目顺利完成，我们应该在固有条件下做些什么?”

永远不要在背后说人长短。比较小气和好奇心重的人，聚在一起就难免说东家长西家短。成熟的你切忌加入他们一伙，偶尔批评或调笑一些公司以外的人如公众人物等，倒是无伤大雅，但对同事的弱点或私事，保持缄默才是聪明的做法。

搞小圈子，有害无益。公私分明亦是重要的一点。同事众多，总有一两个跟你特别投缘，私底下成了好朋友也说不定。但无论你职位比他高或低，都不能因为要好这个原因，而做出偏袒。一个公私不分的人，是做不了大事的，更何况，老板们对这类人最讨厌，认为他们不值得信赖。

刻板效应：最不靠谱的“第零印象”

在现实生活中，人们很容易对某件事物或某个群体形成一种印象，然后就很难再改变过来。某一网站曾刊登过这样一个笑话：如果你的前面是一位怒火中烧的重庆女孩儿，后面是万丈深渊，那么，劝你一句，还是往后跳吧！这个笑话其实不能说完全没有道理，重庆女孩儿的泼辣可以说是“威名远扬”，在国内几乎没人不知道。因此，一提到重庆女孩儿，人们脑海中首先浮现的就是一幅泼辣的画面，并且丝毫不顾其中是否有被冤枉的“例外”。久而久之，重庆女孩儿的泼辣就在人们的脑海中固定了，形成了一个非常顽固的印象，永远也抹不掉。这就是所谓的“刻板印象”，还可以被称为刻板效应。

刻板效应的具体定义是指人们在长期的认识过程中所积累的关于某类人的概括而笼统的固定印象，是我们在认识他人时经常出现的一种相当普遍的现象。这种现象有好处也有坏处，我们经常听人说的“长沙妹子不可交，面如桃花心似刀”，而东北姑娘“宁可饿着，也要靓着”，实际上都是一种刻板效应。

刻板效应的形成有其深层次的原因，主要是由于我们在人际交往的过程中，没有时间和精力去和某个群体中的每一成员都进行深入的交往，而只能与其中的一部分成员进行交往，所以，我们人类只能“由部分推知全部”，由我们所接触到的部分去推知这个群体的“全部”，窥一斑而知全豹。这与我们人类的思维方式也是有很大关系的，人类的思维方式是尽量简化信息量，对一切事物用归类的办法来认知。

刻板效应还有一个特点，那就是一旦形成，就很难改变。刻舟求剑的故事生动地说明了认知偏见的影响。这个故事是这样的：楚国有一个人坐船过江，船行至江中时他的剑掉进了江里，他立即在剑落水处相应的船身上刻了一个记号，说：“我的剑是从这儿掉下去的。”等船靠岸了，他就从做上记号的地方下水去找剑，结果可想而知。上述这则成语故事听起来很荒诞可笑，但是，这只是对现实的一幅夸张的肖像，我们稍不留意便会做出与这个楚国人一模一样的“刻舟求剑”的行为。比如说，我们在认识一个上海人的时候便会按照上海人精明、聪明的类型及特征去判断和分析他；在认知某一教师时便会按照教师知识渊博、为人师表等类型特征去判断他等。这种现象在日常生活中是经常发生的，而且是一种非常普遍的、具有历史性的、跨越文化的社会心理现象。针对这一现象，美国一些心理学家曾经分别于1932年、1951年和1967年对普林斯顿大学学生进行了三次有关民族性的刻板印象调查。他们让学生选择五个他们认为某个民族最典型的性格特征。这前后三次研究的结果竟然是大致相同的，比如说：德国人有科学头脑、勤奋、不易激动、聪明、有条理；英国人喜欢运动、聪明、因袭常规、传统、保守；黑人迷信、懒惰、逍遥自在、爱好音乐；美国人聪明、勤奋、实利主义、有雄心、进取心较强；日本人聪明、勤奋、进取、精明、狡猾；意大利人爱艺术、感情丰富、容易冲动、急性子、爱好音乐；而中国人迷信、保守、爱传统、忠于家族关系等。雷兹兰、西森斯、休德费尔等人的进一步研究还充分证实了这种刻板效应对人类知觉的严重扭曲和给人们带来的困扰。

无可否认的是，在生活中，人们总是不自觉地把人按年龄、性别、外貌、衣着、言谈、职业等外部特征归为各种类型，并认为每一类型的人都拥有一些共同的特点。在接下来的交往和观察中，凡对象属同一类，人们便用这一类人的共同特点去接近和理解他们。比如说，人们通常都会认为知识分子是戴着眼镜、面色苍白的“白面书生”形象；而商人们则大多数表现得比较精明圆滑；工人热情豪爽；军人雷厉风行；农民是粗手大脚、质朴安分的形象等。其实这种看法都是比较性的看法，都是人脑中形成的很难根除的刻板印象。

刻板效应的产生，有可能是来自直接交往印象，不过更多的是在那之前就已经通过别人介绍或传播媒介的宣传形成的印象。但在不同人的头脑中，刻板效应的作用、特点往往都是有所区别的。文化水平高、思维方式科学、有正确世界观的人，其刻板效应是不会非常“刻板”的，完全是可以改变的。而如果反之，就很困难了。

刻板效应当然也有其两面性，有积极的一面，也有消极的一面。刻板效应的积极作用是：它可以很简便地把现实中的人加以归类，这样将大幅度提高人们加工社会信息的速度。它简化了人们所面临的复杂的社会，把人划分为群体，这样就可以让人们在获得少量信息时就可以对别人做出一个迅速的大体判断。

但是，刻板效应当然也有其消极作用，而且其消极作用往往要比积极作用大。虽然它在某些条件下有助于我们对他人进行概括性的了解，但是一定要注意，如果这种归类并不符合该群体的实际特点，或者只是对某群体的非本质特征做出的一种概括，那它就非常容易让人从刻板的印象进一步演化成为一种偏激的看法，它是一种片面的概括。一种片面、笼统的印象，毕竟是根本无法代替活生生的个体的，一般来说常常都是“以偏概全”——难道坏人就一定要生得面貌狰狞？好人就一定显得慈眉善目？那是戏剧舞台上的脸谱，而不是我们的现实生活。如果连这一点都搞不清楚，对人的认识就很容易产生某种偏差。

总之，我们应该发扬刻板效应的积极作用，避免刻板效应附带的消极作用，努力学习新知识，不断扩大视野，开拓思路，更新观念，养成良好的思维方式。不断提高自己的修养，不要用刻板印象去看人，要用自己自身的行为去纠正他人的偏激看法。

第四章

摆脱桎梏，做时代的开创者

墨菲定律：错误是成功的垫脚石

爱德华·墨菲是美国爱德华兹空军基地的上尉工程师。

1949 年，他和他的上司斯塔普少校参加美国空军进行的 MX981 火箭减速超重实验。这个实验的目的是为了测定人类对加速度的承受极限。其中有一个实验项目是将 16 个火箭加速度计悬空装置在受试者上方，当时有两种方法可以将加速度计固定在支架上，而令人不可思议的是，竟然有人有条不紊地将 16 个加速度计全部装在错误的位置。

于是墨菲作出了一个著名的论断：如果做某项工作有多种方法，而其中有一种方法将导致事故，那么一定有人会按这种方法去做。这就是后来心理学中著名的“墨菲定律”。

墨菲定律的主要内容是：事情如果有变坏的可能，不管这种可能性有多小，它总会发生。

电影《星际穿越》中多次提到墨菲定律，并且得到了验证。很多人都是看了这部电影后知道了这个名词。

墨菲定律告诉我们，事情往往会向你所想到的不好的方向发展，只要有这个可能性。比如你衣袋里有两把钥匙，一把是你房间的，一把是汽车的，如果你现在想拿出车钥匙，会发生什么？是的，你往往是拿出了房间的钥匙。墨菲定律的适用范围非常广泛，它揭示了一种独特的社会及自然现象。它的极端表述是：如果坏事有可能发生，不管这种可能性有多小，它总会发生，并造成最大可能的破坏。

墨菲定律并不是一种强调人为错误的概率性定理，而是阐述了一种偶然中的必然性。我们再举个例子：你兜里装着一枚金币，生怕别人知道也生怕丢失，所以你每隔一段时间就会去用手摸兜，去查看金币是不是还在，于是你的规律性动作引起了小偷的注意，最终被小偷偷走了。即便没有被小偷偷走，那个总被你摸来摸去的兜最后终于被磨破了，金币掉了出去丢失了。

近半个世纪以来，墨菲定律曾经搅得世界心神不宁，它提醒我们：我们解决问题的手段越高明，我们将要面临的麻烦就越严重。事故照旧还会发生，永远会发生。容易犯错误是人类与生俱来的，人永远也不可能成为上帝，当你妄自尊大时，墨菲定律会叫你知道厉害；相反，如果你承认自己的无知，墨菲定律会帮助你做得更严密些。墨菲定律忠告人们：面对人类的自身缺陷，我们最好还是想得更周到、全面一些，采取多种保险措施，防止偶然发生的人为失误导致的灾难和损失。归根到底，“错误”与我们一样，都是这个世界的一部分，狂妄自大只会使我们自讨苦吃，我们必须学会接受错误，并不断从中学习成功的经验。

墨菲定律的内容并不复杂，道理也不深奥，关键在于它揭示了在安全管理中人们为什么不能忽视小概率事件的科学道理；揭示了安全管理必须发挥警示职能，坚持预防为主原则的重要意义；同时指出，对人们进行安全教育、提高安全管理水平具有重要的现实意义。

墨菲定律告诉我们，容易犯错误是人类与生俱来的弱点，不论科技多发达，事故都会发生。而且我们解决问题的手段越高明，面临的麻烦就越严重。所以，我们在事前应该是尽可能想得周到、全面一些，如果真的发生不幸或者造成损失，就笑着应对吧，关键在于总结所犯的错误，而不是企图掩盖它。

英国小说家、剧作家柯鲁德·史密斯曾说过："对于我们来说，最大的荣幸就是每个人都失败过，而且每当我们跌倒时都能爬起来。"成功者之所以成功，只不过是他不被失败所左右而已。

1927 年，美国阿肯色州的密西西比河大堤被洪水冲垮，一个 9 岁的黑人小男孩儿的家被冲毁，在洪水即将吞噬他的一刹那，母亲用力把他拉上了堤坡。1932 年，男孩儿八年级毕业了，因为阿肯色州的中学不招收黑人，他只能到芝加哥读中学，但家里没有那么多钱。那时，母亲做出了一个惊人的决定——让男孩儿复读一年。她为 50 名工人洗衣、熨衣和做饭，为孩子攒钱上学。

1933 年夏天，家里凑足了钱，母亲带着男孩儿坐上火车，奔向陌生的芝加哥。在芝加哥，母亲靠当用人谋生。男孩儿以优异的成绩读完中学，后来又顺利地读完大学。1942 年，他开始创办一份杂志，但最后一道障碍是缺少 500 美元的邮费，不能给订户发函。一家信贷公司愿借贷，但有个条件，得有一笔财产做抵押。母亲曾分期付款好长时间买了一批新家具，这是她最心爱的东西，但她最后还是同意将家具作为抵押。

1943 年，那份杂志获得巨大成功。男孩儿终于能做自己梦想多年的事了：将母亲列入他的工资花名册，并告诉她算是退休工人，再不用工作了。母亲哭了，那个男孩儿也哭了。

后来，在一段反常的日子里，男孩儿经营的一切仿佛都坠入谷底，面对巨大的困难，男孩儿感觉已无力回天。他心情忧郁地告诉母亲："妈妈，看来这次我真要失败了。"

"儿子，"她说，"你努力试过了吗？"

"试过。"

"非常努力吗？"

"是的。"

"很好。"母亲果断地结束了谈话，"无论何时，只要你努力尝试，就不会失败。"

果然，男孩儿渡过了难关，攀上了新的事业巅峰。这个男孩儿就是驰名世界的美国《黑人文摘》杂志创始人、约翰森出版公司总裁、拥有 3 家无线电台的约翰森。

事实上，得失是可以相互转化的矛盾共同体。有人曾归纳出关于失败的另一面：

失败并不意味着你是一位失败者——失败只是表明你尚未成功。

失败并不意味着你一事无成——失败表明你得到了经验。

失败并不意味着你是一个不懂灵活性的人——失败表明你有非常坚定的信念。

失败并不意味着你要一直受到压抑——失败表明你愿意尝试。

失败并不意味着你不可能成功——失败表明你也许要改变一下方法。

失败并不意味着你比别人差——失败只表明你还有缺点。

失败并不意味着你浪费了时间和生命——失败表明你有理由重新开始。

失败并不意味着你必须放弃——失败表明你还要继续努力。

失败并不意味着你永远无法成功——失败表明你还需要一些时间。

失败并不意味着命运对你不公——失败表明命运还有更好的给予。

那么，期待成功的你，不要再被一时的失败所左右了，在哪里跌倒，就在哪里爬起来吧！

没有谁会不犯错误，所以永远不要害怕错误。只有什么都不去做才会不犯错误，想要成功一定会犯错误，只要勇敢面对并改正错误，直到少犯甚至不犯错误，那么，成功就会向你走来。你不把错误当回事，错误也不把你当回事！

一个人最容易犯的错误就是粗心大意，一个人最能原谅自己的错误也是粗心大意，然而一个人最危险的错误也是粗心大意。最不能原谅的错误是犯同样的错误，屡教不改，这是最令人绝望的事情。最不可饶恕的错误是用后面的错误来掩盖前面的错误，涂抹错误，就会错得越来越厉害，错得越来越离谱儿，错得越来越不可收拾！

最有价值的错误：前车之鉴，后事之师。改正错误不是最终目的，积累错误、整理错误、分析错误、改正错误，最终的目的是关键的时候不重犯错误。

我们每个人的一生中都会犯各种不同的错误，可正因为这样，我们才会成长、成熟。我们在错误中学习，在错误中前进。

我们应该学会正视自己的错误，而不是去逃避。承担错误的方法有很多，然而我们往往被现实蒙住眼睛，常常是让自己一错再错，我们以为这就是惩罚，却不知道真正惩罚我们的是延续错误。

人生幸福有三诀：第一，不要拿自己的错误惩罚自己；第二，不要拿别人的错误惩罚自己；第三，不要拿自己的错误惩罚别人。

史蒂芬·葛雷是一位当代科学家，他诚实的品格和认真的工作态度广受业界推崇。曾经有报社的记者采访他，问他：“为什么你能如此客观、严谨地对待科学研究，而且比一般人更努力地进行各种尝试?”

史蒂芬的回答非常令人不可思议，他说这和他两岁时的一次生活中正确对待错误所获得的经验有关。两岁?但是，这确实是真的!

两岁时，史蒂芬想自己尝试从冰箱里拿一瓶牛奶，以前这事都是妈妈帮他做的。这次，他想证实一下自己的能力，结果瓶子很滑，他没拿住，一不小心将瓶子掉在了地上，牛奶洒得满地都是。史蒂芬想：这下完了，肯定要挨妈妈骂了。

出乎史蒂芬的意料，妈妈到厨房后发现满地是牛奶，竟没有教训或惩罚他。妈妈的话完全让小史蒂芬放心了，她说：“哇，你太能干了，竟然能把奶瓶摔成这样，我还从来没见过这么大的奶水坑呢！在我清理它以前，你要不要在牛奶里玩几分钟?”

这可把小史蒂芬高兴坏了，他还从没玩过牛奶呢！过了一会儿，妈妈把地面清理干净了，对史蒂芬说：“你拿奶瓶的实验错误了，让我们一起来看一看，你为什么错误吧。你拿个瓶子装满水后，再看看用手能不能拿得动。想一想，怎样拿才会更省力。”史蒂芬发现，如果用双手抱好瓶子，它就不会掉下来。多年后，史蒂芬说：从这一刻起，我知道了不需要害怕犯错误，错误是学习的机会。

结果，这次闯祸的经历，非但没有让史蒂芬变得胆怯，反而学会了实事求是地对待自己所做的事情，从错误中寻找原因和教训。

史蒂芬·葛雷回忆说，从两岁那一年起，他就不再害怕犯错误，而且学会了诚实面对自己的错误。因为错误只是学习新东西的机会，科学实验也是如此。实验错误了没有什么值得隐瞒的，即使出错的原因在于我们自己，我们还是会从错误中学到很多有价值的东西的。

非理性定律：人们更喜欢眼前的利益

曾经有这样一对情侣，他们之间相处得非常好，但是男的有一个很大的缺点就是懦弱，女友对此十分不满。有一次，两人出海游玩，不想中途遭遇大风，两人的小艇被摧毁，双双落入海中，幸亏女友抓住了一块木板才保住了两个人的性命。女友问自己的男友："你怕吗?"

男友掏出一把水果刀说："我怕，可是如果有鲨鱼来了，我会用这个对付它的。"

女友知道她的男友是一个懦弱的人，所以只能苦笑。

就在这时，一艘货轮发现了他们，与此同时一群鲨鱼出现了。女友大叫："我们一起用力游，会没事的!"

但是男友却突然用力将女友推进海里，自己扒着木板朝货轮游去，并大声喊道："这次我先试!"

女友就这样看着男友的背影，感到非常绝望。

鲨鱼向女友逼近，但是奇怪的是，它们对那个女的不感兴趣，它们只向男友冲去，男友被鲨鱼撕咬着，他发疯似的冲女友重复地喊道："我爱你！"

女友获救了。甲板上的人都在默哀，船长走到女友身边劝其节哀并说："小姐，他是我见过的最勇敢的人。我们为他祈祷！"

"怎么可能，他是个胆小鬼。"女友冷冷地说。

"您怎么能这么说呢？刚才我们一直用望远镜观察你们，我看到他把您推开后用刀子割破了自己的手腕。鲨鱼对血腥味很敏感，如果他不这样做来争取时间，恐怕您永远不会出现在这艘船上……"

女友一下子昏了过去。

简单地说，非理性主要是一切有别于理性思维的精神因素，如情感、直觉、幻觉、下意识、灵感。非理性定律告诉我们，我们人类，从根本上来说都是感情型动物，所谓的理性，反倒是我们人类拥有了智慧之后的独到的发明。尤其是当我们去判断一件事情的时候，个人的喜爱、厌恶、是非观念往往决定了我们的态度，严重影响着我们自己的未来。

上面的小故事中的女子就是因为先入为主的印象误会了她的男友，在她看来，她的男友是贪生怕死之辈，平时表现得胆小懦弱，到了生死关头更是不可能保护自己，这当然是带有强烈的主观色彩的判断。而船上的人却在望远镜里看到了事实——这名男子并非懦弱，他才是真正的英雄，是世界上最勇敢的人。他为了救女友，不惜牺牲了自己，但是可惜的是，这个男人所做的这一切，他的女友开始的时候并不知道，还很鄙视。

这里还要提到一个著名的冰激凌试验。有两杯冰激凌摆在一群人前让他们选择，一杯有7盎司，装在一个50毫升的杯子里，显得满满的，看上去就像要溢出来一样。另一杯有8盎司，装在一个100毫升的杯子里，看上去比较少，没有装满。实验的结果明确显示，人们都愿意花更多的钱去买那杯只有7盎司的冰激凌。

也就是说，人们总是习惯以情感去判断眼前的事物，并且用主观的能动性去断定，也就是非理性。人们判断一个人、一件事，内心的情感起着非常巨大的作用，甚至可以全面左右整个判断结果。这也就不难理解为什么同样一件事情，有人是这样看，而有人会得出截然相反的观点。

英国的《新科学家》曾经报道，加拿大心理学家曾经做过一项关于男人的理性研究，研究表明，在美女面前，很多男人都会丧失理性，为了美女，宁愿放弃大好的事业和前程，表现出一种只爱美人不爱江山的气概。这也给很多古代英雄美人传说提供了新的理论支持。

加拿大麦克马斯特大学的马尔戈·威尔逊和马丁·达利让209名男生和女生分别观看了异性的照片。这个并不复杂的实验结果显示，男生在面对漂亮女性的时候，往往更愿意选择短期利益而不是长期利益，做出的是“非理性”选择。男生在面对长相一般的女生的时候，更看重的是与这位女孩未来的发展，做出的是“理性”选择。与此相反，女生无论面对长相一般或者长相英俊的男生，看重的都是未来的前景，做出的都是相同的“理性”选择。这和男女之间挑选配偶时侧重点的不同有很大关系。

生物学家还告诉我们，除去人以外，对于动物而言，它们更喜欢眼前的利益而不是将来的利益，即使眼前的利益要比未来可能获得的利益小很多。 这种被称为“未来利益折现”的选择过程对于人类当然也同样适用。 比如，对于马上就要到手的现金和未来的现金，我们会觉得马上到手的现金更有价值。

其实在我们身边就有一个特别明显的例子，彩票大奖得主可以一次性把奖金领走，但这样做要缴纳高额税费，使奖金大幅度缩水。 但是也可以采取另一种做法，那就是可以分期领走奖金，这样做的话大奖得主就可以领到更多的钱。 但是，迄今为止，还没有任何一个人会这样做，通常人们都会一次性把钱领走，虽然他们知道以后可能会领到更多的钱。人们只看到了眼前的利益，只注重这一份眼前的利益，即使长久来看有更好的利益可循，但是他们还是不会选择长远的利益。 这个定律不仅可以给我们敲响警钟，也可以适当地应用在商场上，用短期利益来吸引人，然后将长期利益留给自己。

达维多夫定律：做时代的开创者

著名的艾尔·柯齐酒店位于圣地亚哥，酒店的生意很好，客流不息，为了解决电梯超负荷运作的问题，酒店请教了很多专家。专家们经过一系列的研究和商讨，最后一致认为最好的办法是在每层楼都打一个大洞，在地下室里再多装一个马达，也就是说，要为酒店再多添一部电梯。那些专家又开了几次研讨会，确定下最终的方案之后，就到前厅坐下来商谈具体施工的细节问题。这时候，恰巧有一位正在扫地的清洁工阿姨无意中听到了他们的计划。

这位清洁工阿姨对他们说："如果每层楼都打个大洞，那不是会弄得乱七八糟，到处尘土飞扬吗？还怎么接待客人呢？"

其中的一位专家不以为然地答道："这是很难避免的。到时候还得劳你多多帮忙。"

清洁工阿姨又说："要是我说啊，你们动工时最好还是把酒店关闭一段时间的好。”

“不能关啊，要是关门那么长一段时间，别人还以为是倒闭了呢。所以，我们打算一面动工，一面继续营业。要是不多添一部电梯，酒店以后也没法再做下去，在可持续发展上会吃亏的!”

这时候，那个清洁工阿姨想了一下，说道：“如果我是你的话，我就会把电梯装在酒店外头。”两个专家听了这个建议后，顿时眼前一亮，觉得这法子不错，好像开启了一个时代，要知道，以前没人这么做过！可以试试。于是，他们就听从了这位清洁工阿姨的建议，在近代建筑史上率先创造了一项新的发明——把电梯安装在室外。商家为此也节省了大把的钱。

不管从什么层面上来说，没有创新精神的人永远都只能是一个执行者。只有那些勇敢的人、有想法的人、敢为人先的人，才最有资格成为真正的先驱者，才能够成为时代的开创者。这个理论的提出者是苏联心理学家达维多夫。

如果你自暴自弃，那么请翻过这一章，如果你想有个非常成功的人生，想有个非常成功的公司，那么你最需要什么？我可以毫不犹豫地告诉你，就是创新精神！这个世界变化得总是太快了，变化的程度也太大了，需要我们学会用不同的方式去创造性地思考问题。对于一个企业来说，应该意识到的最重要的事情就是当每个人都遵循规则时，创造力便会窒息，遵循的结局就只能是残酷的灭亡。这时就需要你发挥创造力，别人想到的你也想到了，别人没想到的你也要想得到。

只有你做了别人没有想到的，那么你才有可能胜出一筹。跟在别人后面走，只能捡到别人不要的东西，一个人没有开拓精神，不敢冒风险，就走不出新路，干不出新的事业。创新是一个民族的不竭动力，更是一个企业的生命源泉，也是一个人生命的风帆。企业家与一般管理者最大的区别，就在于具有创新精神和魄力。翻一翻整个工业革命长达200年的近代史，无论在哪个国家，那些创业成功者，都是杀出来的黑马，都是在别人根本想象不到的地方，以别人想象不到的方式，取得了别人想都不敢想的成功。他们并不是先到哈佛大学或者斯坦福大学拿一个MBA，然后才成为一个成功的企业家的，他们是在创造性的工作实践中培养、锻炼出来的，这是最难能可贵的，也是十分值得我们深思的。

再举一个地球人都知道的例子：在当时，几乎所有人都认为只有硬件才能赚钱，比尔·盖茨是第一个看到软件前景的商人，而且“以软制硬”，把其软件系统应用到世界上几乎所有的行业或公司。微软开发的电脑软件的普遍使用，改变了资讯科技世界，也改变了人类的工作和生活方式，最终改变了世界。

毛毛虫效应：找到一条属于自己的路

法国一位著名的心理学家曾经做过一个家喻户晓的实验，可以称之为“毛毛虫实验”。他首先将许多毛毛虫放在一个花盆的边缘上，并且使它们首尾相接，围成一个圈，同时他又撒了一些毛毛虫喜欢吃的食物在离花盆非常近的地方。然后，毛毛虫就开始绕着花盆的边缘一个跟着一个，一圈一圈地走，就这样，一小时过去了，一天过去了，又一天过去了，但是这些毛毛虫依然没有改变行动轨迹，它们依然是夜以继日地绕着花盆的边缘在转圈，这样一连不停地转了七天七夜以后，毛毛虫们最终因饥饿和精疲力竭而相继死去。

在做这个实验之前，心理学家曾经设想：也许这些毛毛虫很快就会厌倦单调而乏味的绕圈而转向它们比较爱吃的食物，但是令人遗憾的是，毛毛虫并没有这样做。其实，这是因为毛毛虫固守原有的本能、习惯、先例和经验才导致最终的悲剧。毛毛虫虽然付出了生命，但却没有取得任何成果。事实上，假如在这群毛毛虫当中，有一个能够破除尾随的习惯而转向去觅食，那么就完全可以避免最后的死亡。

后来，科学家把这种习惯称为“跟随者”习惯，也就是指喜欢跟着前面的路线而行走的习惯。而后又把因“跟随者”习惯而导致失败的现象称为“毛毛虫效应”。

有一大块贫瘠的土地被美国一所著名学院的院长所继承。不过，在外人看来这块土地没有什么有商业价值的木材，也没有矿产或其他贵重的附属物。所以，这块土地不仅不能为这位院长带来任何收入，而且他还必须得为此支付土地税。

不久以后，当地的州政府打算建造一条公路，而这条公路恰好要从这块土地上经过。这时，有一位年轻人刚好开车经过这里，看到了这块贫瘠的土地正好位于一处山顶，他想到在这里可以观赏四周连绵几公里的美丽景色。而他还细心留意到，这块土地上长满了一层小松树及其他树苗。

于是他就以每亩10美元的价格，把这块50亩的荒地买了下来。然后，他开始在靠近公路的地方盖了一间非常有特色的木屋，并且附设了一间很大的餐厅。随后在房子附近，他又建了一处加油站，方便开车来旅游的人们。

不久以后，他在公路沿线上还建造了十几间单人木屋，并且以每人每晚3美元的价格出租给来这里的游客。餐厅、加油站及木屋的成本并不高，但却给他带来丰厚的利润，他一年内净赚了15万美元。

第二年，他又另外增建了50栋有三间房间的木屋，现在他把这些房子出租给附近城市的居民们，作为他们的避暑别墅，并且以每季度150美元的价格收取租金，人们也非常满意与开心。而且建造这些木屋的材料他根本就没有花一毛钱，因为这些木材就长在他自己的土地上(但是，那位学院院长却认为这块土地毫无价值)。另外，引人注意的是，他扩建计划的最佳广告就是这些木屋独特的外表。因为一般很少有人会用如此原始的材料去建造房屋，他等于开创了一个先例。

故事还在继续，在距离这些木屋不到5公里处，这个人又以每亩25美元的价格买下了占地150亩的一处古老而荒废的农场，而卖主则认为自己赚了。

接着，他花了半年时间又建造了一座100米长的水坝，把一条小溪的流水引入一个占地15亩的湖泊，后来，他又把这个农场出售给那些想在湖边避暑的人，租金跟建房时的价格一样。仅仅是这样简单的一转手，25万美元轻松到手，并且这只是他计划的一部分。让人不能想象的是，此人没有受过任何正规的“教育”，但是我们必须承认他是个极其有远见和想象力的人。

有的时候人们也很难逃脱毛毛虫效应的影响。在日常生活和工作中，很多人都会因循守旧，会下意识地重复原有的思考过程和行为方式。所以，人们在思维上固有的惯性也就慢慢形成，今后在面对任何问题时，这些人也都是按照原有的思路去思考，而不愿意换个角度、转个方向去思考。

需要承认的是，使用固有的思路和方法具有相对的成熟性和稳定性，可以恰当地缩短和简化解决问题的过程，从而更加方便和快速地解决某些问题。这也是毛毛虫效应带给我们的积极的一面。但是，要注意的是，如果人们总是用老思路去解决新出现的问题，那无疑是没有生命力的，这时候，我们需要跳出毛毛虫效应的影响，转换思路，改变思考问题的方式，这样有可能更好地解决我们所面对的问题，就像上面故事里的那个人一样，能够别具一格，把别人看不到的潜在价值开发出来，从而获得非凡的成功。

第五章

成功是成功之母

马太效应：强者越强,弱者越弱

从前有一个头脑灵活、善于经营的商人要出去旅游。为了不耽误自己的生意，临行前，他把自己最忠实的三个仆人都叫来，然后把他的部分家业进行合理分配，交给三人暂时经营。

商人根据仆人各自的才能，给他们分配银子。仆人甲善于发现商机，具有灵敏的观察能力，他分得 5000 两；仆人乙有一定的经商才能，做事稳打稳算，他分得 2000 两；而仆人丙，性格木讷，做人本分，做事保守，他分得 1000 两。分配完毕，商人就出发了。

第二天，仆人甲就拿着 5000 两银子，投资了一项风险很大的买卖。虽然利润也很诱人，但毕竟利润与风险成正比，天下也没有免费的午餐，这需要很大的勇气与承受能力，仆人甲也是信心十足，运筹帷幄，最后连本带利得到了 1 万两银子。

而仆人乙在主人走后就用自己分得的2000两银子做了一项只赚不赔的生意，虽然早出晚归有些辛苦，但是由于经营管理得当，最后也照样赚了2000两银子。

仆人丙拿着商人给的1000两银子，考虑了很久，不知如何是好，又担心有个闪失给弄丢了。一连好几天，他一直坐卧不安，无法正常休息。最后，他灵机一动，趁着夜幕在地上挖了一个坑，把主人的银子埋藏了起来，天天守在那里，这样既不会赚，也不会赔，对他而言是一个两全其美的好办法。

几个月后，商人从外地归来。商人再一次将三个仆人召集到一起，来算一算账。仆人甲恭恭敬敬地递上银子说："主人啊，这是你交给我的5000两银子，分毫不少，另外，还有5000两是我利用你给我的本金做了笔生意，自己额外赚的。"

商人说："不错，你做得很好。你真是又有才华又忠心的仆人，以后我要把许多事派给你管理。这样，我就可以尽情享受生活了。"

仆人乙随后说："尊敬的主人啊，你交给我2000两银子，我做生意将它翻了一番，你看这是4000两。"

主人说："好，你也非常能干。店里有你的帮忙，我就会放心很多，也会觉得很踏实。"

最后仆人丙说："主人啊，我实在不知道这1000两银子能做什么，我又担心会丢失，于是我就把你的1000两银子埋藏在地里。请看，你的1000两银子完好无损地在这里。”

商人听了以后非常生气，把这个仆人痛骂了一顿。后来，主人将第三个仆人的那1000两银子赠给第一个仆人作为奖赏，并且对他们三个说：“凡是不增值的，那就等于在贬值，那钱留有何用。只有不断创造财富的人，才能够取得成功，我的奖励也才会持续上升，这叫多多益善。”

所谓马太效应，指的是好的越好、坏的越坏，多的越多、少的越少的一种现象。在心理学上可以理解为：强者越强，弱者越弱。如果说一个人赢得荣誉，获得了赞美，那么接下来好事会越来越多，这也是人们常说的好运连连。

马太效应的说法来自《新约·马太福音》中的一则寓言。在《马太福音》中你会发现第二十五章中有这么几句话：“凡是少的，就连他所有的也要夺过来。凡是多的，还要给他，叫他多多益善。”美国科学史研究者莫顿用这句话总结与概括出一种新的社会心理现象：“对著名科学家做出的科学贡献所给予的荣誉越来越多，而对那些未出名的科学家所做出的科学贡献则忽视不管。”此后他便将这种社会心理现象命名为马太效应。

其实，在现实生活中，不论是个人，还是群体，一旦在某一方面(如金钱、名誉、地位等)取得成功后，那么优越感就会应运而生，接下来更多的进步和更大的成功也会登门拜访。

当然，任何一种效应在现实中的意义都具有两面性。社会心理学家们也同样认为，马太效应在生活中既有积极的一面，也有消极的一面。积极作用具体有两点，首先可以防止社会过早地承认还不成熟的成果和貌似正确的成果，这样有利于进一步地加强与进步；其次马太效应会产生“荣誉终身”以及“荣誉追加”的现象，对一些无名者有着榜样的作用，从而产生巨大的吸引力，促使还没有成名的人积极奋斗，努力去超越成名者。但是它的消极作用是，那些名人很有可能会因为自己取得的成果而骄傲自满，目中无人，甚至丧失了理智的判断与谦逊的态度。而无名者因为一开始并没有名气，即使有着惊人的才华，经过奋斗取得成果也无人问津，有时还有可能会遭受非难和忌妒。这样的结果会造成两极分化越来越严重。

除了在生活中我们会经常遇到马太效应外，在教育领域，马太效应的影响更是无所不在。学校里有名气的教授、专家得到的科研经费一般都会比较多，社会兼职也比普通人要多，就连评奖活动也少不了他们的身影。一些表现比较优秀的学生，会经常听到表扬的声音，老师在上课时表扬他，学校领导在同学中表扬他，父母在亲戚面前表扬他，优越的成长环境给他带来的却不一定都是快乐，就算快乐也会有一定的负担。而一些成绩不好的学生，不仅在家里得不到父母的赞扬，有些老师也会戴着有色眼镜看人，在学校刻意冷落与疏忽他。这样一来，马太效应就必然会造成老师只重视和培养少数拔尖的学生，从而放弃了对差生的培养，如此会造成学生群体中少数和多数的隔膜和分化。不过，也有一些经验丰富的老师会认识到马太效应的消极作用，他们会积极发掘差生身上的闪光点，然后将其放大，为其树立自信。在日常生活中，我们应该尽量避免马太效应的消极作用的发生。

安慰剂效应：暗示能带来积极的力量

所谓安慰剂效应指的是人们由于服用或注射安慰剂药物从而引起的心理、生理上的变化，并且出现积极改变的一种现象。这在健康心理学中应用得比较广泛。

通常医学上说的安慰剂，指的是用生物学上的本属中性的物质做成的使受试者或病人相信其中含有某种药物的药丸或制剂，就像是用没有药物活性的淀粉等制成与真实药物一样的剂型作为安慰剂等。药物的安慰剂效应是通过服药者对药物的认识、感受以及服药行为本身，再通过心理上的变化以及生理的相互作用而产生效果的。这种方法既有加强药物生理效应的一面，又有削弱生理效应的一面。许多研究表明：至少有1/3以上的人对安慰剂有反应，出现了临床症状的好转；如果再加上言语的感染，配合周围人的宣传和其他途径，那么，安慰剂的效果还会更加显著。这正应了中国一句俗语："信则灵。"

其实，不但是安慰剂，所有真实的药物也都具有不同程度的安慰剂效应。美国有一位生理心理学家曾将依米丁(致吐剂)通过胃管注入呕吐病人胃中，同时他也告诉病人这是止吐药物，结果在很短的时间内病人的恶心呕吐感竟然真的消失了。经过一段时间后病人又出现呕吐的现象，再一次注入依米丁，其恶心感又很快消失了。

这个实验说明药物不但有生理效应，而且通过一定的诱导和暗示还会产生心理效应。由此可见，心理效应(镇吐和安慰)的作用在一定程度上也会超过药物的生理效应(催吐)。这里的心理效应就是安慰剂效应。

心理学研究发现，生活中有很多人都会有一定程度的暗示性。人类疾病的药物治疗效果，其部分原因都与暗示性有关。因此，医生在临床工作中更不能忽视这一作用，尤其在药物治疗的护理过程中，更需要高度注意。通常一个人患病后，第一想法都是需要药物治疗，通过药理作用对机体的生理机能发挥作用，这样就可以达到治疗的目的，这也是药物的生理效应。但实验结果证明，不仅如此，药物还可通过非生理效应，以“接受了药物治疗”的方式在病人心理上引起良好的感受从而使疾病逐渐发生好转，也就是达到药物的心理效应。一般情况下人们都会认为，药物的心理效应与其药理作用无关，但有的时候还是可以借用其生理效应来强化言语暗示，这样配合治疗效果更好。

药物的心理作用并不适用于所有人，它与病人的各方面条件(性别、年龄、职业、经济条件、受教育状况等)以及个性特征、心理状态、服药时的内心感受、医护人员的言语态度有着密切的关系，而其中最为重要的是病人对药物的认识与态度以及接受暗示的程度。例如一些来自边远地区的病人到大城市大医院求医问药时，即使医生开出的是比较普通的药物，他们也会觉得此药来之不易，倍加珍惜，所以服药后会产生较大的心理效应。

而一些公费医疗者经常光顾医院，尝遍了各种药物，也见识到了各类专家坐诊，就算此时大夫是给他们开出一些对症药他们也往往不信。这种负面心理效应使药物的正常生理效应受到影响，有的时候反倒干扰了对他们的治疗效果。对他们来说，只有那些价格昂贵、包装精美又经广告大力吹捧的新药才是真正好用的“灵丹妙药”。

在临床实践中，医护人员与病人通常都在自觉或不自觉的情况下使用或接受安慰治疗。若在疾病诊断不明确的情况下用药，实际上就是起到安慰剂的作用，关键是如何用得更妥当、更有利于疾病的恢复。在用药时，医护人员或家人也可以通过言语和态度来提高药物的心理效应。那么具体而言该如何提高药物的心理效应呢？

首先可以用安慰剂做保护性医疗，减少病人心理痛苦。如癌症，在缺乏有效药物和治疗措施时，如果医护人员或亲属实话实说：“这种病无法治疗，目前没有成功案例。”这样将会引起病人的绝望。此时，可以转换方法使用安慰剂来解除病人精神上的痛苦，这样更为妥当。

相对而言，言语暗示对药物的心理效应影响也是非常大的，因而家人或医护人员可通过言语加强其效应，也可通过言语来减弱病人的不良反应，有时还可利用药物来加强语言暗示作用，如癔症病人常因葡萄糖酸钙或溴咖静脉注射而好转。临床实践证明，有 1/3 的病人在用安慰剂后可获止痛效果，此类事例举不胜举。

其次，在护理中，要学会因势利导，适时适度地运用心理效应来增强药物的治疗效果，当然，这也取决于亲属的心理素质和掌握的有关心理学知识及使用技巧。

最后，在护理的过程中要熟练掌握安慰剂的应用，并能够仔细观察和了解病人的心理特点，选择恰当的用药时机，配合恰当的言语暗示，以排除病人不良反应的影响，最终取得良好的效果。医务工作者更是需要在针对病情科学用药的前提下，来根据病人此时的心理特征努力去创造条件使药物成为一种良好的信息刺激，充分发挥其生理和心理效应，以达到最大的疗效。

除了医务处理以外，在日常生活中，安慰剂效应也随处可见。一天，几个很少接触乡村环境的城里人到野外郊游。当他们边说边笑爬到半山腰的时候，他们为眼前清澈的泉水、碧绿的草地和迷人的风景所深深吸引。等到休息的时候，其中一人很高兴地接过同伴递过来的水壶喝了一口水，马上情不自禁地感叹道："山里的水真甜，没有杂质，咱们城里的水跟这儿真是没法比。"水壶的主人听罢笑了起来，他说："这壶里的水是城市里最普通的水，这不是山水，而是出发前从家里的自来水管接的。"由此可见，心理作用在很大程度上发挥着微妙的作用。

当然，我们在对现实进行分析的时候，某种程度上会掺杂很多个人因素，包括我们的期望、经验和信念等，这有时也会明显地改变人的思想及判断。

暗示能带来积极的力量

我实在是爬不动了，
快中暑了，把你的水
给我喝一口吧。

山里的水真甜，
没有杂质。

这不是山水，而是
出发前从家里的自
来水管接的。

马蝇效应：有压力才有动力

马蝇效应来源于美国总统林肯的一段有趣的经历。

1860 年大选结束后几个星期，有位叫作巴恩的大银行家看见参议员萨蒙·波特兰·蔡斯从林肯的办公室走出来，就对林肯说："你不要将此人选入你的内阁。"林肯问："你为什么这样说？"巴恩答："因为他认为他比你伟大得多。""哦，"林肯说，"你还知道有谁认为自己比我要伟大的？""不知道了。"巴恩说，"不过，你为什么这样问？"林肯回答："因为我要把他们全都收入我的内阁 。"事实证明，这位银行家的话是有根据的，蔡斯的确是个狂傲的家伙。不过，蔡斯也的确是个大能人，林肯十分器重他，任命他为财政部部长，并尽力与他减少摩擦。蔡斯狂热地追求最高领导权，而且嫉妒心极重。他本想入主白宫，却被林肯"挤"了，他不得已而求其次，想当国务卿。林肯却任命了苏厄德，他只好坐第三把交椅，因而怀恨在心，激愤难已。

目睹过蔡思种种行为并搜集了很多资料的《纽约时报》主编亨利·雷蒙特拜访林肯的时候，特地告诉他蔡思正在狂热地上蹿下跳，谋求总统职位。林肯以他那特有的幽默神情讲道："雷蒙特，你不是在农村长大的吗？那么你一定知道什么是马蝇了。有一次我和我的兄弟在肯塔基州老家的一个农场犁玉米地，我吆马，他扶犁。这匹马很懒，但有一段时间它却在地里跑得飞快，连我这双长腿都差点跟不上。到了地头，我发现有一只很大的马蝇叮在它身上，于是我就把马蝇打落了。我的兄弟问我为什么要打掉它。我回答说，我不忍心让这匹马那样被咬。我的兄弟说：'哎呀，正是这家伙才使得马跑起来的嘛！'"然后，林肯意味深长地说："如果现在有一只叫'总统欲'的马蝇正叮着蔡思先生，那么只要它能使蔡思不停地跑，我就不想去打落它。"

这就是马蝇效应。马蝇效应给我们的启示是：一个人只有被叮着咬着，充满压力，他才不敢松懈，才会努力拼搏，不断进步。

压力是什么？压力可以是事业成功的阻力，也可以是一种驱动力。当人们有了欲望或出现紧迫感的时候，压力就会随之而来。但是，如果能够很好地运用压力，压力就能够转化为动力，从而使人们获得成功。同样，如果没有压力，动力就无从产生，人们也终将一事无成。

工作中的压力被认为是当今社会最主要的压迫来源之一。对于上班族而言，身处竞争激烈的现代社会，担心失业、缺少归属感、与亲友疏于联系、对工作前景表示忧虑以及自尊心经常受挫等，是产生压力的几个主要因素。

身在职场当中的员工几乎都有过工作压力太大、身体和心理难以承受等怨言。诚然，随着科学技术的高速更新换代、市场竞争的日益激烈，现代人的压力确实越来越大。面对这些压力，人们究竟该如何应对呢？有关专家研究发现，在压力和灾难面前，心理不健康者往往会采取一些不恰当的应对措施或者消极的自我防御机制，如否认、退行、回避、压抑、反向、抵消、攻击、自责，或者用烟酒来减轻压力等，结果是适得其反。

而心理健康者会主动采取一些积极的或至少是无害的应对措施，如宣泄、转移注意力、改变目标、升华、放松、幽默、行动等方法。

那么，人们究竟应该采取哪种态度或方式来应对压力呢？或者说以什么样的态度或方式对待压力才能使自己不被压力所困扰呢？一家知名企业的高级顾问认为，适度的压力并无大碍，反而有积极作用。常言道“化压力为动力”，适度的压力能使人处于应激状态，神经保持兴奋，让个人得到改善自我的机会，以更加努力的姿态、更高的热情完成工作，如此便有助于业绩改善；而消极地逃避或攻击等方式却对压力的缓解和问题的解决毫无用处，而且在压力面前越是消极，压力就会对你越残酷。 这正如前大文豪高尔基所说：“当工作是一种乐趣时，生活就是一种快乐；当工作是一种义务时，生活就变成了苦役。”

我们首先要学会拥抱压力，对可能发生的压力有心理准备，不要总强调工作压力如何不合理、自己如何不喜欢。 减压首先要真实地面对内心世界，需要了解自己担心失去什么，是工作、职位、领导的重视、发展机会、家人的信任，还是其他方面的稳定感。 预测失去它们对自己的影响，是暂时还是长期的，是全面的还是局部的，是可以承受的还是无法承受的……总之，如果想要缓解压力、摆脱压力的束缚，就必须首先准备好迎接不可避免的压力，同时还要弄清楚压力产生的根本原因。

当我们对压力有了足够的心理准备，并确定了压力的真正来源之后，就要想办法将其转化为动力，所有的消极思想和逃避心理在此时都应该全部被抛弃。 由于在分析压力产生的根本原因时，我们已经知道自己是因为想得到更多的酬金、更高的地位、更多的信任、更高的期望、更渊博的知识、更丰富的经验、更卓越的能力、更融洽的人际关系等，才背负那些压力的，所以我们更应该知道，没有这些压力我们就永远无法满足自己的这些需求（既包括物质方面的又包括精神方面的）。 认清这些之后，我们就会发现，只有背负着这些压力一步步地向着目标迈进，我们才能获得最终的成功。 而实际上，这种向着目标迈进的过程就是把压力转化为动力的过程。

总之，压力是不可避免的，要想在职场中实现更大的自我价值，我们就不能消极地逃避压力。而且，压力并非不可战胜，相反，压力还可以转化为强大的动力，在这种动力的推动下，人们往往能够实现更好的发展。

第六章

从自我提升到自我突破

约拿情结：不仅害怕失败，也害怕成功

约拿情结是美国著名心理学家马斯洛提出的一个心理学名词。

“约拿”是《圣经·旧约》里面的一个人物。他本身是一个虔诚的犹太先知，并且一直渴望能够得到神的差遣。神终于给了他一个光荣的任务，去宣布赦免一座本来要被罪行毁灭的城市——尼尼微城。约拿却抗拒这个任务，他逃跑了，不断躲避着他信仰的神。神到处寻找他、唤醒他、惩戒他，甚至让一条大鱼吞了他。最后，他几经反复和犹疑，终于悔改，完成了他的使命——宣布尼尼微城的人获得赦免。约拿是指代那些渴望成长又因为某些内在阻碍而害怕成长的人。

简单地说，约拿情结就是对成长的恐惧。它来源于心理动力学理论上的一个假设：“人不仅害怕失败，也害怕成功。”其代表的是一种机遇面前自我逃避、退后畏缩的心理，是一种情绪状态，并导致我们不敢去做自己能做得很好

的事，甚至逃避发掘自己的潜力。在日常生活中，约拿情结可能表现为缺少上进心，或称“伪愚”。它的存在也许有一定的合理性，不过，从自我实现的角度来看，这是一种阻碍自我实现的心理障碍因素。

约拿情结的基本特征可以分为两个方面：

一方面是表现在对自己，另一方面是表现在对他人。

对自己，其特点是：逃避成长，拒绝承担伟大的使命。

对他人，其特点是：嫉妒别人的优秀和成功，幸灾乐祸于别人的不幸。

人类的心理是复杂而奇怪的：我们渴望成功，但当面临成功时却总伴随着心理迷茫；我们自信，但同时又自卑；我们对杰出的人物感到敬佩，但总是伴随着一丝敌意；我们尊重取得成功的人，但面对成功者又会感到不安、焦虑、慌乱和嫉妒；我们既害怕自己最低的可能状态，又害怕自己最高的可能状态。简单地说，这些表现，就是对成长的恐惧——既畏惧自身的成功又畏惧别人的成功。

马斯洛给他的研究生上课的时候，曾向他们提出如下的问题：“你们班上谁希望写出美国最伟大的小说？”“谁渴望成为一个圣人？”“谁将成为伟大的领导者？”等等。据马斯洛记录，他的学生们在这种情况下，大家通常的反应都是咯咯地笑、红着脸、不安地扭动。马斯洛又问：“你们正在悄悄计划写一本什么伟大的心理学著作吗？”他们通常红着脸、结结巴巴地搪塞过去。马斯洛还问：“你难道不打算成为心理学家吗？”有人回答说，“当然想啦。”马斯洛说：“你是想成为一位沉默寡言、谨小慎微的心理学家吗？

那有什么好处？ 那并不是一条通向自我实现的理想途径。”

人类中普遍存在某种约拿情结，即：不是追求高级需求，追求卓越、崇高的自我实现，而是相反，逃避高级需求，逃避卓越、崇高的人类品行。 人们视天真纯情为幼稚可笑，视诚实为轻信，视坦率为无知，视慷慨为缺乏判断力，视工作中的热情为懦弱，视同情心为廉价和盲目。

约拿情结的问题还在于，自己怕出名，如果别人出了名，他又会嫉妒，心里巴不得别人倒霉。 这种情结阻碍生命成长和自我实现，马斯洛给它取名为约拿情结。 仇恨是我们在现实生活中最常发现的阻碍成长的内在原因。 我们常常可以观察到这种情况，一个聪明的年轻人，他在学校里成绩很好，但在高考前夜突然生病了，以至于失去了考试的机会。后来他工作了，能力很强，颇得赏识。 但是在他马上就要得到一次关键的升迁机会的时候，他又辞职了……尽管这些事情的发生看似偶然，但深入接触他的内心世界时我们可能会发现，他的内心埋藏着对父母未曾宣泄的怨恨。 为了潜意识里报复父母的愿望，他下意识地毁掉了自己的前途。 其潜在的愿望可以表述如下：“你们休想得到一个成功的儿子，我就是要让你们失望和痛苦！”这些内在冲突有时候可以被我们意识到，但大多数时候，它被抑制在无意识里。

人们不仅躲避自己的低谷，也躲避自己的高峰。 不仅畏惧自己最低的可能性，也畏惧自己最高的可能性。 约拿情结发展到极致，就是“自毁情结”，即面对荣誉、成功、幸福等美好的事物时，总是浮现“我不配”“我受不了”的念头，最终把到手的机会放弃了。 我们大多数人内心都深藏着约拿情结。心理学家们分析，这是因为在我们小时候，由于本身条件的限制和不成熟，心中容易产生“我不行”“我办不到”等消极的念头，如果周围环境没有提供足够的安全感和机会供自己成长的话，这些念头会一直伴随着我们。尤其是当成功机会降临的时候，这些心理表现得尤为明显。因为要抓住成功的机会，就意味着要付出相当的努力，面对许多无法预料的变化，并承担可能导致失败的风险。

毫无疑问，约拿情结是我们平衡自己内心心理压力的一种表现。我们每个人其实都有成功的机会，但是在面临机会的时候，只有少数人敢于打破平衡，认识并克服了自己的约拿情结，勇于承担责任和压力，最终抓住并获得了成功的机会。这也就是为什么总是只有少数人成功，而大多数人却平庸一世。

约拿情结作为一种普遍存在的心理现象和社会现象，究其产生的根源，心理学家做了以下几个方面的分析：

一是一个人由于自身条件的限制以及其他各方面原因的影响，在面对各种问题时，心中产生过“我不行”“我办不到”的想法，为其在今后的成长过程中埋下了“隐患”和“伏笔”。

二是周边环境的影响。因为周边环境不能提供一种安全感和成长机会供自己成长，加之先前留下的“隐患”，会使人产生一种“患得患失”的感觉，从而会失去有利的时机和机会。

三是社会文化以及从众心理的影响，诸如“出头的椽子烂得快”“枪打出头鸟”的惯性思维，往往会使人刻意去迎合大众心理，使自己的棱角被磨平，从而导致自甘平庸。一个人要想获得成功，必须认识和克服自身的约拿情结，用慧眼认清机会，紧紧抓住机会，勇于承担责任和承受压力，为自己的成长和成功创造一个良好的发展平台。

如何才能克服约拿情结这一成长的障碍，发挥自身潜力和更好地成长呢？ 马斯洛并没有对这一问题进行明确和深入的回答。 萎缩的个体和奔放的个体，“这两者之间的差异，简单来看就是恐惧与勇气之间的差异”（《约拿情结——理解我们对成长的恐惧》）。 也许，克服约拿情结是一个非常复杂的心理问题、文化问题、社会问题，但毋庸置疑，我们可以做的首先就是不再浑浑噩噩，清楚了解自己的心理状况，勇敢面对冲突和矛盾，相信自己可以比现在做得更好。 “走自己的路，让别人说去吧！”

洛克定律：为自己制定目标

洛克定律是指：当目标既是未来指向的，又富有挑战性的时候，它便是最有效的。可以为自己制定一个总的高目标，但一定要为自己制定一个更重要的实施目标的步骤。千万别想着一步登天，多为自己制定几个篮球架子，然后一个一个地去克服和战胜它，久而久之你就会发现，你已经站在了成功之巅。

这个定律的提出者是美国管理学家埃德温·洛克，他认为：有专一目标，才有专注行动。要想成功，就得制定一个奋斗目标。但是，目标并不是不切实际地越高越好。每个人都有自己的特点，有别人无法模仿的一些优势。只有好好地利用这些特点和优势去制定适合自己的高目标和实施目标的步骤，你才可能取得成功。对每个人来说，在实施目标时，只有当每个步骤既是未来指向的，又是富有挑战性的时候，它才是最有效的。

一个没有明确目标的人，就像一艘没有舵的船，永远漂流不定，只会到达失败的港湾。

美国财务顾问师协会的刘易斯·沃克曾接受一位记者的问题采访，是有关稳健投资计划基础的。他们聊了一会儿后，记者问道："到底是什么因素使人无法成功？"沃克回答："没有明确的目标。"

记者要求沃克能进一步解释，他说："我在几分钟前就问你，你的目标是什么，你说希望有一天可以拥有一栋山上的小屋，这就是一个模糊不清的目标。问题就在'有一天'不够明确，因为不够明确，成功的机会也就不大。"

"如果你真的希望在山上买一间小屋，你必须先找到那座山，找出你想要的小屋现值，然后考虑通货膨胀，算出5年后这栋房子值多少钱；接着你必须决定，为了达到这个目标，每个月要存多少钱。如果你真的这么做，你可能在不久的将来就会拥有一栋山上的小屋，但如果你只是说说，梦想就可能不会实现。梦想是简单而让人兴奋的，但如果没有配合实际行动和充足全面的计划，那最后只能是妄想而已。"

许多人埋头苦干，却不知所为何来，到头来发现追求成功的阶梯搭错了边，却为时已晚。因此，我们务必掌握真正的目标，并拟定达到目标的过程，弄清方向，凝聚继续向前的力量。

你是否有一个目标？ 你必须有一个，因为你难以达到你

为自己制定清晰的目标

请问您成功的秘诀是什么?
有明确的目标。
可是现在大部分人都有明确的目标，也少有人成功呀。

那你来说说你的目标吧。
我希望有一天可以在山上拥有一栋小屋。
这就是模糊的目标。你首先要有一个目标房屋，根据小屋现值，再考虑通货膨胀，算出这栋房子5年后值多少钱，从而反推每个月要存多少钱，并为此持续努力。

并未曾有的目标，正像要你从一个从未到过的地方回来一样。

塞缪尔·斯迈尔斯发现，在生活中，有不少人缺乏明确的目标。他们就像地球仪上的蚂蚁，看起来很努力，总是不断地在爬，然而却永远找不到终点，找不到目的地。同样，在生活中没有目标，活动没有焦点，也会使你白费力气，得不到任何成就与满足。

没有目标的活动无异于梦游，没有目标的生活只不过是一种幻象。许多人把一些没有计划的活动错当成人生的方向，他们即使花费了九牛二虎之力，由于没有明确的目标，最后还是哪里都到不了。要攀到人生山峰的更高点，当然必须要有实际行动，但是首要的是找到自己的方向和目的地。如果没有明确的目标，更高处只是空中楼阁，望不见更不可及。如果我们想要使生活有所突破，到达很新且很有价值的目的地，首先一定要确定这些目的地是什么。只有设定了目的地，人生之旅才会有方向、有进步、有终点。

明确的目标让我们有所适从、有所安心，为我们带来目的，指导我们的行动，否则我们在生活中就像无头苍蝇一样到处乱窜，当我们有了目标与方向，就有理由使自己不断前进、不断成长，开创新天地，发挥创造力。要设立目标需要努力与自律，一旦建立好了目标，就需要更多的努力和夜以继日的工作来逐步实现，而督促人生的航标不脱离方向以及不断给自己设定新的目标，需要更多的努力和更强的自律性。设定和实现目标要花费这么多的努力，毅力稍差的人干脆就不设目标、不实现目标了，维持现状，得过且过，放弃了目标，或是虽然有目标却懒得去实现。光有目标并不能使我们不断朝前迈进，还要有行动计划的配合才行。目标的树立是使我们明确方向，而行动计划则告诉我们该怎么做、做什么才能到达我们想要去的地方。行动计划确定于我们追求目标时所要进行的活动。

在休闲生活中，我们一样要树立明确的目标，投入实际行动，才能获得成就感和满足感。并且，由于你的欲望和需要处于不断变化之中，有些目标将会实现，而有些活动将不再对你有吸引力，因此你必须经常反省，修订自己的目标与活动清单，每隔几个星期你就该回顾一下。

发现自己是什么样的人，搞清楚自己的真正需要，树立起明确的目标，并培养出强烈的动机和热情，朝你心中向往的那个方向前进。这是你自己的挑战，与其他任何人都无关。你必须面对现实，生活中每一件值得获取的事——冒险、轻松的心情、爱、友谊、满足与愉快——都有代价，任何能使你的生存更有价值、生活更有意义的事都需要付出努力、时间、心血和行动。如果你不是这样想的话，你一定会遭遇更多的挫折。

虽然制定短期目标一直是经营的主要策略，但是大家仍然不太懂得如何制定目标。著名成功学家希尔认为，“短期目标”是一种独特的工具，它是意义和行动的桥梁。它捉住你热切的期望，把它们变成计划的原料。短期目标界定什么重要、什么不重要，而且它使我们集中力量努力完成每一阶段的目标。短期目标是动用人力去完成特殊结果的基本工具。希尔说：“制定短期目标，正是对慢工出细活儿这一铁律的印证。”由于工作堆积如山，非得马上动手，否则赶不完，于是有人竖立了一个牌子，提醒自己：“现在就做！”其实，匆匆忙忙不见得能够把事情办好，最好还是先坐下来，养养神，放松情绪。能够想一想智者的想法，就更有好处。希尔劝导人们说：“有短期目标的人，比轻率行事的人更明智。”

除非有明确满意的解决方法，否则，最好把问题搁在一边。问题的解决，并不在于一蹴而就，而在于步步为营，稳扎稳打，从冷静沉着中寻找出可行的办法。正确的途径是经过深思熟虑之后获得的。希尔说：“经过周密思考后，特意不采取行动。因为胸有成竹，所以不轻举妄动。”时机尚未成熟便想一步登天，结果成事不足，败事有余。

当然，越快成功越好，但是不要操之过急。操之过急的人，往往会有麻烦。避免麻烦比摆脱麻烦容易得多。所以，你要想顺利地、轻松地实现未来远景，就必须一步一个脚印，制定每一个事业发展阶段的短期目标。这样，你就可以踏着这些台阶，拾级而上，奔向成功了。

但是人们在制定目标时往往显得十分笨拙，缺乏现实性和前瞻性，把目标搞得模糊不清。大家喜欢行动（这比较具体而刺激），却不喜欢花费精神去拟定目标（这常是抽象的），诚如一位事业人所说：“制定目标使我头痛。”

希尔说：“我们不能把目标放在真空里，因为目标指挥我们的注意力朝向问题的解决或机会的掌握。你必须配合自己的需要、希望，看什么需要留意。”

短期目标应该代表你当前事业面临的主要问题，这些问题的分类依据是：

重要性（解决这个问题或抓住这个机会，会使情况改观吗）、类型（这个问题代表什么挑战）和紧迫程度（如果不尽快处理，结果是否会更糟，机会是否会溜掉）。

一旦我们分辨清楚主要问题，就能安排出优先顺序，然后集中处理最严重、最迫切需要解决的一个问题。

吉格定理：勤奋将天分变为了天才

吉格定理是由美国培训专家吉格·吉格勒提出的，他曾经说过：“除了生命本身，没有任何才能不需要后天的锻炼。”不管是天才还是智力一般的人，都需要后天的努力勤奋才能成功，否则有天分的人也会变成庸才。

曾国藩是中国近代史上的风云人物，他曾经建立了很多不朽的功业，不过他的天赋并不高。那时他还未考取功名，有天晚上他正在家里读书，一篇文章不知道反复读了多少遍，可总也背不下来。这时候在他书房外面一直潜伏着一个小偷。这小偷本打算等曾国藩睡觉之后，就进屋捞点好东西，可是他躲在角落里等啊等，就是不见屋里的灯熄灭。这还不算完，他还在外面不停地听曾国藩翻来覆去地读一篇文章，耳朵饱受摧残。终于，小偷忍不住了，他大怒着闯进门来说：“你这种水平还读什么？”说完便将那文章非常顺利地背诵了一遍，然后扬长而去。

相比当时的曾国藩而言，小偷是聪明的，并且还很勇敢，身为一个小偷居然还可以跳出来发怒。可惜，他并没有对记忆能力进行锻炼，终究只是个小偷而已。而曾国藩虽然那么没天赋，却懂得勤能补拙，成就了自己在历史上的丰功伟业。

勤能补拙的道理人尽皆知，可是真正能做到“业精于勤”的人又有几个？与其说是安逸的生活磨灭了我们的斗志，倒不如说久居于安逸的习惯已经让人懒得去勤奋了。既然粗茶淡饭也能吃饱肚皮，为何还要拼了命地对自己那么苛刻？既然可以时常呼朋唤友小醉一场，再安然入睡，为何还要日日挑灯看书、废寝忘食地工作？既然可以在山脚野地寻得一处安逸，为何还要在大城市中为求一隅而辛苦奋斗着？人各有志，如果你真的乐于像神仙般逍遥自在，暂忘尘世的艰辛，倒也罢了，但若心中有大志，却还如此过活，只能与伟业绝缘。

我们对于“天才”这个词并不陌生，人们总是不吝于将如此具有褒奖意义的词送给那些有卓越成就的人，比尔·盖茨就是其中之一。毫无疑问，他的确是一个很有天分的人，但同时他也非常勤奋。在很多人的眼中，比尔·盖茨极其聪明并且具有商业头脑，人们对于他中途辍学创业的故事总是津津乐道，对于他亿万富豪的身份也总是充满着羡慕。可是，我们也不要忽视了他为此所做出的努力，为了打造微软的软件王国，他从 1978 年到 1984 年整整 6 年的时间里只休息了 6 天，有几个人能做到这一点？

其实，每个可以称得上“天才”的成功人士，背后都有我们所不知道的艰辛，所有令人敬仰羡慕的背后也都写满了勤奋的故事。 有位哲人曾经说过：“我从来就不会对那些天生智力过人的天才投以羡慕的目光，我只欣赏那些一直勤奋的人，他们将脚印镌刻在汗水与泪光中。”生活没有捷径，任何奇迹的发生都不会凭空出现。 即便是一个极具天分的人，如果只是得意于自己的聪明才智，而不在后天的环境里勤加练习，最后也会如王安石笔下的“仲永”一般，变得碌碌无为。

小李的学习成绩挺好，毕业后却屡次碰壁，一直找不到理想的工作。他觉得自己怀才不遇、生不逢时，对社会感到非常失望。他为没有伯乐来赏识他这匹“千里马”而愤慨，甚至因伤心而绝望。

怀着极度的痛苦，他来到大海边，打算就此结束自己的生命。

当他即将被海水淹没的时候，一位老人救起了他。老人问他为什么要走绝路。

小李说：“我得不到别人和社会的承认，没有人欣赏我，所以觉得人生没有意义。”老人从脚下的沙滩上捡起一粒沙子，让年轻人看了看，随手扔在了地上，然后对小李说：“请你把我刚才扔在地上的那粒沙子捡起来。”

“这根本不可能！”小李低头看了一下说。老人没有说话，从自己的口袋里掏出一颗晶莹剔透的珍珠，随手扔在了沙滩上，然后对小李说：“你能把这颗珍珠捡起来吗?”

“当然能！”

“那你就应该明白自己的境遇了吧？你要认识到，现在你自己还不是一颗珍珠，所以你不能苛求别人立即承认你。如果要别人承认，那你就要想办法使自己变成一颗珍珠才行。”小李低头沉思，半晌无语。

经过老人的劝导后，小李对自己的愚蠢行为感到非常悔恨，从此奋发图强，最后创办了自己的公司。

有的时候，你必须知道自己只是普通的沙粒，而不是珍贵的珍珠。你要出人头地，不仅要有出类拔萃的资本，更要有埋头苦干的精神。

世界上有许多贫穷的孩子，他们虽然出身卑微，却能干出伟大的事业来。富尔顿发明了一个小小的推进机，结果成为美国最著名的工程师；法拉第从药房里的几瓶药品开始，成了英国有名的化学家；贝尔用最简单的器械做出了对人类文明最有价值的贡献之一——电话。

历史上有许多感人肺腑、催人泪下的故事，主人公确定了伟大的人生目标，尽管在前进中遭遇了种种艰难险阻，但他们以坚韧的意志最终克服了一切困难，获得了成功。失败者的借口通常是：“我没有机会。”他们将失败的理由归结为没有人垂青他们，好职位总是让他人捷足先登。而那些意志力坚强的人则决不会找这样的借口，他们不等待机会，也不向亲友们哀求，而是靠自己的苦干努力去创造机会。他们深知唯有自己才能拯救自己。

在一次战役胜利后，有人问亚历山大是否等待下一次机会，再去进攻另一座城市，亚历山大听后竟大发雷霆：“机会？ 机会是靠我们自己创造出来的。”不断地创造机会，正是亚历山大成为历史上伟大帝王的原因，也唯有不断创造机会的人，才能建立丰功伟绩。

做任何事情总是等待机会是极其危险的。 一切努力和热望都可能因等待机会而付诸东流，而机会最终也不可得。

年轻人如果看了林肯的传记，了解他幼年时代的境遇和后来的成就，会有何感想呢？ 他住在一所极其简陋的茅舍里，没有窗户，也没有地板，用今天的居住标准看，他简直就是生活在荒郊野外。 他的住所距离学校非常远，生活必需品也很缺乏，更谈不上有报纸、书籍可以阅读了。 然而就是在这种情况下，他每天坚持不懈地走二三十里路去上学。 为了能借几本参考书，他不惜步行一二百里路。 到了晚上，他靠着燃烧木柴发出的微弱火光来阅读……林肯成长于艰苦卓绝的环境中，但他竟能努力奋斗，最终成为美国历史上最伟大的总统之一，成了世界历史上最完美的模范人物之一。

天赋和坚忍对你开辟新的道路来说是重要的因素，但勤奋的经营却是你获得成功的基本保证，因为无论你做了多少准备，有一点是不容置疑的：当你进行新的尝试时，你可能犯错误，不管作家、运动员或是企业家，只要不断对自己提出更高的要求，都难免失败。 但失败并非罪过，重要的是从中吸取教训。

因此，那些跌倒了爬起来、掸掸身上的尘土再上场一拼的人，才会在人生路上获得成功。 美国百货大王梅西就是一个很好的例子。

他于1882年生于波士顿，年轻时出过海，之后开了一间小杂货铺，卖些针线。铺子很快就倒闭了。一年后他另开了一家小杂货铺，仍以失败告终。

在淘金热席卷美国时，梅西在加利福尼亚州开了个小饭馆，本以为供应淘金客膳食是稳赚不赔的买卖，岂料多数淘金者一无所获，什么也买不起，这样一来，小铺又倒闭了。回到马萨诸塞州之后，梅西满怀信心地干起了布匹服装生意，可是这一回他不只是倒闭，简直是彻底破产，赔了个精光。

不死心的梅西又跑到新英格兰做布匹服装生意。这一回他时来运转了，他买卖做得很灵活，甚至把生意做到了街上商店。头一天开张时账面上才收入11.08美元，而现在位于曼哈顿中心地区的梅西公司已经成为世界上最大的百货商店之一了。

有一句名言是这样讲的："许多人的生命之所以伟大，是因为他们承受了巨大的苦难。"杰出的才干往往是从苦难的烈焰中冶炼出来的，是从苦难的坚石上磨砺出来的。困难总会吓退一大批庸碌的竞争者。只有真正经历过艰苦工作的人才能得到命运的垂青。

"让我们勤奋工作！"

这是古罗马皇帝临终前留下的遗言。当时，士兵们全部聚集在他的周围。勤奋与功绩是古罗马人的伟大箴言，也是他们征服世界的秘诀。那些凯旋的将军都要归乡务农。当时，农业生产是受人尊敬的工作，古罗马人之所以被称为优秀的农业家，其原因也正在于此。正是因为古罗马人推崇勤劳的品质，才使整个国家逐渐变得强大起来。

为此，古罗马人建立了两座圣殿，一座是勤奋的圣殿，一座是荣誉的圣殿。他们在安排座位时有一个顺序，即必须经过前者的座位，才能达到后者——勤奋是通往荣誉圣殿的必经之路。这也是世界上所有成功者的必经之路。

第七章

社交达人的心理学技巧

相悦定律：我喜欢你因为你喜欢我

乔·吉拉德的名字对很多人来说可能有点陌生，但他在销售界可是大名人，被称为世界上最了不起的卖车人。他也算得上是一个很成功的人士，他成功的秘诀就是让顾客喜欢他，为了得到顾客的喜爱，他会去做一些在别人看来是费力不讨好的事。例如，每个月，他的1.3万名顾客都会收到他寄来的问候卡片，乔的卡片上永远都只有这样一句话——“我喜欢你”，除此之外，别无他语，也别无他物。

要知道，这不是一个人两个人，而是在1.3万人的信箱里每月都准时地出现写有“我喜欢你”的贺卡。就是这样一种不可思议的方法帮助乔平均每天卖出5辆车，年收入超过20万美元，创造出连续12年销售第一的奇迹，被吉尼斯世界纪录称为“世界上最了不起的卖车人”。

也许看起来，“我喜欢你”只是一句普通不过的话，一句让人听起来明知是推销手段、缺乏个性的话，却令人难以置信地取得了如此卓越的成绩。事实证明，这是相悦定律在起作用——喜欢引起喜欢。

人际关系中所体现的互相吸引的相悦定律，就是指人与人在感情上的融洽和相互喜欢，可以强化人际间的相互吸引。更简单地说，就是喜欢对方就会引起对方喜欢，也就是情感上的相悦性。决定一个人是否喜欢另一个人的一个强有力的因素是，对方是否喜欢他。

相悦定律是一个非常重要的定律，在人与人的交往中发挥着很大的作用。在我们的生活中，人们都很喜欢那些能够给自己带来愉快的人，假如说，对方可以给自己带来某些方面的愉悦感，就会有一种力量促使自己去接近对方。

在“我喜欢你”这简单的四个字中，我们可以看到，正是因为乔·吉拉德告诉他的客户们“我喜欢你”，才使得他的客户们也会喜欢他，也就更加愿意购买他的产品。我们别小看这么一句简单的话所起的作用，它能让对方知道你的想法，否则就算你是真心喜欢和感谢你的顾客，如果缺少了这么一张卡片，对方也不会知道。

在遥远的春秋时期，管仲——齐桓公最得力的宰相——不幸得了重病。齐桓公前来探视，看见管仲望着自己欲言又止的样子就诚恳地说：“你现在病重了，应该好好休息，不必为国事操劳，如果有不放心的事，你就说出来。”管仲见齐桓公如此一说，便忧心忡忡道：“好吧，既然主公愿听，我就说。”

管仲想了想说：“主公打发了易牙、竖刁、常之巫、公子启方这几个人吧！”“为什么？他们都对我很忠诚啊！

易牙愿煮自己的孩子给我吃；竖刁为留在我身边，愿自宫当太监；常之巫有测生死祸福的能力；公子启方侍奉我连父亲病故都未曾离去。这些人忠心耿耿，何须提防？”

“主公！请您仔细想想，就自然会明白，一个连自己骨肉都忍心杀的人难道不会杀主公吗？一个愿残损自己身子的人难道不会残害您吗？吉凶祸福，更不需要测，它只与做人的本质联系在一起。只要好好修炼自己的德行，必然会善始善终。所以，请主公三思而后行！”

齐桓公一直都非常信服管仲，等到管仲死后，他就按照管仲的遗言把易牙等人打发出宫。

易牙等人走后，齐桓公整日茶饭不思，寝食难安，熬了三年，还是找回了易牙等人。

到了第二年，齐桓公卧病不起，易牙等人便开始为非作歹，造出“齐桓公不在人世”的谣言，并且封锁了宫廷与外界的联系。齐桓公被软禁了起来，还吃不到东西。最后，齐桓公悲叹：“管仲一言千金也。”

齐桓公的表现从心理学的角度来看，实际就是受人际间的相悦定律的影响。易牙、竖刁、常之巫、公子启方是图谋不轨的小人，可在齐桓公面前他们却都表现得忠心耿耿——这是一种喜欢齐桓公的方式。齐桓公也被这种忠心深深地感动了，内心自然就产生一种强烈的愉悦感，对这几个人也就特别喜欢。

其实在我们的日常生活中，人们的相互喜欢，主要体现在语言和态度上。对于好话我们往往是难以拒绝的，对于逆耳之言则非常抗拒。几乎所有人都喜欢真诚与温和的态度，不喜欢虚情假意和横眉立目，这是人类天性中的一个致命弱点。

科学家们曾做了一个实验，非常清楚地表明了我们在“好话”面前是多么难以自拔。实验内容是：将受试者分为三个小组，让他们听另外一个人对他们的评论，而这些评论内容来自于想要得到他们帮助的人。其中一些人只听到正面评论，另一些人只听到负面的评论，还有一些人好坏的评论都听到了一些。结果，这个实验有三个有趣的发现：首先，那些只提供了正面评论的人最为人们所喜欢；其次，即使人们完全明白这个评论者有求于他们，他们仍然最喜欢那些称赞他们的人；另外，正面的评论不一定都符合被评论者的实际情况，不管一个人的奉承是否合乎事实，那些奉承者往往都同样会赢得被奉承者的好感。

其实从这一点看来，“表达自己的喜爱”“好听的话”都能给他人带来极其愉悦的内心体验，从而引起对方的喜爱。生活中处处都存在着相悦定律，我们也应该更加充分地运用好这个定律。

布朗定律：找到打开心锁的钥匙

有一个对上帝十分虔诚的修女独身一人来到印度，为了拯救受难的人们。她看到当地的人们因为贫困而衣衫褴褛甚至没有鞋子穿，于是她暗下决心，自己也不穿鞋子，她觉得大家都是一样的人，认为这样做可以更加贴近他们从而更好地帮助他们。在听说了她的事迹之后，来印度拜访她的戴安娜王妃还因为自己穿了一双洁白的高跟鞋而感到无地自容……

后来，混乱的中东再一次发生了战争，这位修女孤身一人来到战场上，当这位修女被发现的时候，作战的双方竟然不约而同地停止了攻击，眼睁睁地等着她把战区里面的妇女和儿童都救了出来……

这位修女最终是在印度去世的，印度举国上下的人民都为此而悲痛，她伟大的灵魂将永远矗立在人类的天空。在她的灵柩经过的地方，没有人会站在楼上，因为没有任何人会想自己站得比她还高。在那高贵的灵魂面前，每一个人都不得不变得卑微，直到她去世的时候，她的双脚依然是裸露的，她在向世人宣告：她是与那些贫苦的人们平起平坐的。这位伟大、高尚的修女就是永远被人所铭记的特蕾莎。

特蕾莎修女的故事不仅让我们知道了她的高尚，让我们知道灵魂的价值，同时也告诉了我们：找到心锁就是沟通的良好开端。知道别人最想要的是什么，别人的意愿就会很轻易地在你的把握之中。这也正是我们下面要说的布朗定律。

布朗定律的具体含义是指一旦找到了打开某人心锁的钥匙，那么就可以通过反复使用这把钥匙去打开他的某些心锁。它是美国职业培训专家史蒂文·布朗第一个提出的，所以也就以他的名字命名。

比如说：现在有一把坚实的大锁挂在大门上，一根铁棒费了九牛二虎之力，就是无法将它打开。钥匙来了，瘦小的身子钻进锁孔只是轻巧地转了一转，大锁就“啪”的一声打开了，铁棒好奇地问：“为什么我费了那么大的力气也打不开，而你却这么轻松地就把它打开了呢？”钥匙说：“因为我最了解它的心。”道理很简单，钥匙懂得打开锁的心思，因此就可以很容易地把锁打开了，而铁棒就算花费再多的工夫也是无济于事的，因为它不了解锁的心思。

其实在很多时候，当我们与某些人沟通时，难免会因为发生了困难而导致失败。即使我们很乐意沟通，可对方好像处于某种桎梏里，这样就会表现得跟任何人都格格不入，不仅他的情绪不好，思想孤僻，拒绝与外界交流，处于“绝缘”状态，任何信息的输入都受到了阻挠，而且他还视而不见、充耳不闻、呆若木鸡，任何人都无法访问他的心灵世界，不知他的真实想法是什么。

实际上，类似这种沟通上的障碍现象并不算是少见，当一个人遇到重大的不快事件或者受到强大的外界不良刺激时，如遭遇亲情、爱情、友情等情感上的失落，又比如在工作、事业上碰到各种各样的挫折等，此时你就会觉得他和从前相比简直就是两个人，不仅表现反常，甚至有点奇怪。就算是这个人与你属于同一个类型、同一个层次的，曾经给过你不少好印象，而且与你沟通得非常融洽，可是现在仿佛一切都变得不一样了，他变得难说话、难沟通，让人难以理解了，那我们应该怎么办呢？

其实，对于这种看似困难的沟通，我们恰恰是不应轻言放弃、草率了事的。你与他之间的许多共同点就是你们沟通的前提和条件。这种沟通的暂时性障碍也是并不少见的，只要你坚持和努力，并且把握一定的技巧，慢慢地接近，走进他的心灵，找到开启他心锁的那把钥匙，很多问题都会迎刃而解。找到钥匙就能非常容易地打开一个人的心扉，但是，如果你找不到这把钥匙，沟通就会成为一个很严重的问题。在我们的生活中，是否能够找到打开别人心中的那把钥匙真的非常重要。

有这么一对夫妇，他们的10周年结婚纪念日很快就要到了。这时候，妻子有点怀疑自己的丈夫到底还记不记得这个特别的日子，因为在过去的那些年里，不管做妻子的怎么进行暗示，这个重要的日子还是会被她的丈夫忽略。等到他们的10周年结婚纪念日到来的这天，妻子完全没有做任何暗示，他却突然记起来了，并且直奔贺卡店，他目不暇接地看着那些摆放在货架上的昂贵的花式贺卡。最终，一张色彩鲜艳的卡片深深地吸引住了他，他拿起来，看了看卡片上的几行字，说："太好了！我的她一定会非常喜欢的。"于是，他迅速从卡片架上拿起卡片，付了钱之后就满心欢喜地赶回了家，在回家的路上心里还在想：是啊，我终于记得我们的结婚纪念日了，这个结婚纪念日一定会是一个最特别、最不一样的日子。

回家之后，细心的他并没有直接把卡片给妻子，而是悄悄地溜进另一个房间，在卡片上签上自己的名字，然后在信封上把妻子的名字写好，还亲自贴上了一对小"红心"。因为他想给妻子一个惊喜。

在将这一切做完之后，他才满意地走出房间，递给妻子这份经过他精心准备的礼物——10周年结婚纪念卡。拿到卡片的妻子眉开眼笑，开心而又幸福——丈夫终于记得他们的结婚纪念日了。于是她迫不及待地打开信封，开始阅读卡片里面的文字，看着看着，她的脸色却忽然暗淡下来，整个人都不一样了。

"怎么了？"丈夫问道。

“没什么。”妻子答道。

“到底怎么了？肯定出什么事了。”丈夫追问。

“没事，真的没什么。”妻子无精打采地说。

“什么没事，你逃不过我的眼睛，告诉我到底怎么回事。”丈夫着急了。

“嗯……其实也不算太坏……这是一张生日卡片。”妻子显得有些落寞。

在这个时候，谈话的气氛骤然变得僵硬，就好像从快乐的山顶一下子坠入冰冷的谷底。

“你在开玩笑吧，怎么可能呢？”丈夫一下从妻子手中抢过这张昂贵的卡片说道。

“不，怎么会这样？简直不敢相信！”丈夫甚至都不敢相信自己的眼睛——这正是一张生日卡片。

“不！让人难以置信的是你！”妻子声嘶力竭地咆哮道。

看着情绪异常激动，几乎失控的妻子，丈夫完全不知道该说些什么才好。“哦，亲爱的，我犯了一个善意的错误。请原谅我，你可以让我一个人静静，给我一点儿时间让我想想，可以吗？”他恳求着妻子，语气里带有几分尴尬。

“原谅你？一个善意的错误哦，你可真会说话，是的，难道这只是一个善意的错误？你知道吗？就是这个所谓善意的错误证明了你根本就不在乎我，对你来说我到底是个什么？你根本不在乎我们这个特别的日子。我还不知道你？你去修理厂检查你的爱车，哪怕他们在你的爱车最不起眼的地方划了一道不到一英寸的划痕，你都能敏锐地发现。为什么？不是因为你聪明，你是个大笨蛋，那是因为你在乎你的车，你爱你的车！而你对我们的结婚纪念日呢？你一点儿都不在乎，你根本就不在乎我！你跟你的车结婚去吧！”妻子激动地说道。

“嗨，我只是犯了一个错误而已，再说，我真的不是故意的，你还真不依不饶了。真是无理取闹！”

“什么？你说什么，在我们10周年结婚纪念日这天你买了一张生日贺卡给我，然后还理所当然地认为我不应该生气？要是那样的话，我情愿你什么都不要买！”

“你说什么？从你说话的语气看，好像是说我很乐意看到你在结婚纪念日这天拿到的是生日贺卡，你还说我是笨蛋，是吗？”丈夫说完，火冒三丈，砰的一声关上门，气冲冲地出了房间。本来是好好的事情，却以悲剧收场，不得不说，这是我们日常生活中屡见不鲜的事情。人们简直都快习惯这种事了。

那么，怎样避免上述的不快，与人进行一次愉快的沟通，找到打开对方心门的钥匙，有哪些方面需要注意呢？

首先，能够做到求同存异，真诚宽容。其次，以尊重为本。尊重，应该是礼仪之本，也是待人接物之道的根基所在。要想让人尊重你，得先尊重别人，即使对方看上去是在对你发脾气，也不要对他进行还击。退一步海阔天空。

最后，要做一个善于表达的人，也就是说你要把你对对方的尊重恰到好处地表现出来。你不表现出来，对方怎么会知道你尊重他呢？当然，只有你说出来别人才知道，没有人那么喜欢猜测你的心思。

倾听定律：沟通一定是双向的

林克莱特是美国的一位知名主持人，在美国可谓是家喻户晓，有一次，他访问一名小朋友，问他："你长大后想要当什么呀?"

"我要当飞机驾驶员!"小朋友十分天真而又可爱地回答道。林克莱特于是又问他："那么假如有一天，你的飞机飞到太平洋上空，但是在这个时候，所有的引擎都熄火了，你应该怎么办呢?"小朋友愣了一下，仔细想了想说："首先，我会告诉坐在飞机上的所有人绑好安全带，不要动，然后，然后我就挂上我的降落伞先跳出去!"

听到这个小朋友充满童真的回答后，现场的观众实在忍不住，笑得东倒西歪，而林克莱特却继续注视着这个孩子，想看看他到底是不是自作聪明的家伙。但是出乎大家意料的是，那个孩子的两行热泪夺眶而出，林克莱特这时候才发觉这孩子的悲悯之情根本无法形容。于是，敏锐的林克莱特就接着问他：“为什么要这么做?”

“我要去拿燃料，我还要回来！我还要回来！”孩子声嘶力竭地回答道，他的回答可以说是把一个孩子真挚的想法真正地体现了出来。

倾听定律在人际关系中是至关重要的，具体是指在与人交往时，用心地听别人讲话会获得别人的好感，会换来对方的理解、信任和快乐，让倾诉者充分感觉到自身存在的价值，满足了对方渴望被重视的自尊心理，从而达到双方都很愉快的目的。

通过上面这个简单但是感人的故事，回想一下，你是不是常常中途打断对方的演讲？ 你认为自己真的明白了倾听的艺术吗？ 是不是又自以为是地进行反驳呢？ 我们不免要陷入再三的思考当中。

所谓沟通，那肯定是双向的。 我们在人际交往中，当然没法一味地向别人灌输自己的思想，我们还应该学会倾听，别人也需要你做他们的听众。 倾听是一种艺术，更是一种技巧，是可以通过训练获得的。 倾听需要专心，每个人都可以通过耐心和练习来发展这项非常重要的能力。 倾听是了解别人的最重要的途径之一，为了建立良好的沟通渠道，我们必须懂得倾听的道理。 一个善于倾听的人才更容易在人际交往中得到别人的认可和欣赏。 倾听是一种回报率最大的尊重。

威廉·迪格勒的身份是美国的口香糖大王，在美国可谓是家喻户晓，他年轻时是一名推销员。有一次，迪格勒到一家超市推销肥皂，在他讲了一大堆广告词以后，他只知道超市老板不仅对他的产品感到十分厌恶，而且对他所属的公司也产生了反感。他明白这笔生意可能要泡汤了。

这位超市老板性格暴躁，不禁对他破口大骂：“你和你的公司全给我滚蛋吧！”这时迪格勒一面埋头收拾自己的东西，一面心平气和地对这位老板说：“我现在已经明白了，我要把这些产品推销给你是不可能的了。我是一个新手，既然您觉得我把我的产品卖得这么糟糕，那么就请您给我一些意见吧。您看，您是一位老板，肯定是成功人士，有很多成功的经验，如果能得到您的意见，我觉得我肯定会有很大的收获，我该怎么做才合适，才会把这些产品销售出去？”

超市老板看到他诚恳的态度，也觉得这孩子不容易，就开始滔滔不绝地对他说：“你应该说……而不是……”老板自己用自己的话把这堆肥皂的优点说了一大串，然后推销员一句话没说，这位老板便自己说服了自己，最终他接受了迪格勒的肥皂。

如果迪格勒先生在超市推销肥皂时仍然不依不饶地用原来的方式纠缠这位老板，也许老板会派人把这个死心眼儿的笨蛋扔到大街上，或者直接报警。但是聪明的迪格勒请求老板说出了他的想法，即使这些想法是批评自己的。

倾听，可以给人一个非常好的印象，让人觉得这是一个谦虚好学的人，是专心稳重、诚实可靠的人。认真听，能减

沟通是双向的

……我们公司出产的巧克力有以上这些优点。请问您的超市有意向引进我们的产品吗？

我们不需要，你把产品介绍得一点儿都不吸引人。

真的不好意思，耽误您的宝贵时间了。您是经验丰富的产品经理，方便向您请教下我到下个地方该怎么说才合适吗？

少不成熟的评论，这样可以避免很多不必要的误解。在我们的日常生活中，我们更要学会做一个善于倾听的人。

在事业上取得成功的杰出人士都有一个共同的特点，那就是他们无一例外地非常善于倾听他人的意见，这是为什么呢？原因也很简单，因为他们懂得倾听的重要意义和作用。一方面，别人的意见非常重要；另一方面，即使不重要，那么善于倾听也会给对方留下一个好印象。

在著名的纽约电话公司里，曾经发生过一件相当棘手的事情：有一名顾客不但痛骂公司的接线生，野蛮地拒绝缴纳电话基本费，甚至还列举出多项罪名，公开指控纽约电话公司。

后来，重视声誉的公司派出一位说客专程登门拜访这位脾气暴躁的客户。问题终于得到了顺利解决。这位说客取得成功的原因很简单，就是在拜访这位先生的时候，专注地听对方将满腹牢骚倾诉出来，并一再地点头称是。客户得到了理解和宣泄，那么一切就都很容易解决了。

其实，在当今社会频繁的商务活动当中，如果你能耐心地倾听对方的叙说，就等于你间接地告诉对方“你讲的事情很有价值”“你是我值得结交的朋友”“我们有很多共同点”“和你在一起真快乐”“我们是可以一起干点事的”“我很乐意听你讲的话”等善意的信息。这样做可以使对方的自尊心获得极大的满足，这样下去，逐渐地两个人的心灵也会更加靠拢，这也就为友情的建立和发展打下了坚实的基础。有了友情，那么做什么就都方便了。我们总是认为能说会道的人善于交际，其实善于倾听的人才是真正会交际的人，才是人际交往中的高手。在生活中，你不妨做一个善于倾听的人，这样一来，不仅能够达到你的目的，同时又给人们留下了较好的印象。

一家中外合资企业的经理到一所大学去招聘职员，整个学校几乎都轰动了，但是他却非常冷静，对 20 多名大学生进行了反复核查，再从这些人中挑选出 3 名大学生进行最后面试。其中有两名大学生在经理面前夸夸其谈，炫耀自己的能力如何高、如何强，而且还提出了一大堆建议和设想。但是另外一名大学生则与他们相反，在面试时，一直耐心倾听经理的见解和要求，很少插嘴，温文尔雅，只有当经理询问他时，他才回答，而且很简练，在面试结束时，他才委婉地说道："我很重视您的要求，也很赞同您的见解。如果我能被录用的话，还望您今后多多指导。"三天后，这位善于倾听的大学生理所当然地接到了录用通知，而那两位夸夸其谈者则被淘汰了。很显然，有的时候，适当地做个倾听者也不是件坏事情。

其实，"说"属于知识能力范畴，说明你的个人语言能力的高低，而"听"才是聪明智者所特有的能力。倾听是信任的润滑剂。始终挑剔的人，甚至最激烈的批评者，也都经常会在一个有耐心和同情心的倾听者面前软化投降，这也正是所谓的"以柔克刚"。所以，如果你希望成为一个善于谈话的人，那就先做一个懂得倾听的人吧。

"会说的不如会听的。"这是一句很有道理的俗语。一次，著名的推销专家科库琳给某公司 100 多位业务员作辅导报告。结束后，她诚恳地对公司的董事长说："我能够从这些员工中把你公司的精英人士指出来，你相信吗？”随后，科库琳请出了两位先生和一位小姐。这简直就像是魔术。

的确，他们三人是公司里业绩最出色的高级骨干。对此，董事长感到非常不可思议。对于不知内情的人，也确实很神奇，科库琳解释说：“道理很简单，所有客户的反应和我是一样的，只要你在认真仔细地聆听，你就赢得了我个人这方面的好感，于是也就会为销售业务的成功打下了坚实的基础。”可见，听是交流的另一半。注意倾听和善于倾听的人，永远都是深得人心的人。

第八章

你的自律，给你自由

糖果效应：人生就是与诱惑作战的过程

一个愚蠢的猎人捕捉到了一只鸟，这只鸟会说 70 种语言。

鸟说："你要是把我放了，我就免费赠给你三条人生忠告。"

猎人说："你先把忠告告诉我，我就向天发誓放了你。"

鸟说："那好，你不要食言。第一条忠告是，当你把一件事情做完后，那就不要后悔当初的决定；第二条是，要是有人告诉你一件事，当你本人认为那是根本不可能的时候就不要相信，自己的直觉最重要；第三条就是当你想往上爬的时候，别太费力气。"猎人听完之后就把鸟放了。

你猜下面的故事怎么了？

那只鸟被放后，飞到一棵大树上，大声对猎人说："你也不动脑子想想，竟然放了我，我的嘴里还有一颗价值不菲的珍珠呢！"

猎人听了十分恼怒，很想再次把鸟捉回来，就开始向树上爬，由于树支撑不住他，没爬多高，他便摔了下来，腿也摔断了。

这时候，那只鸟对他说："我给你说的那三句话，难道你全部忘记了吗？我可告诉过你啊，做了事千万不要后悔，但你后悔放了我；我告诉过你如果有人告诉你的事情，你要是认为不可能就不要相信，那你为什么还相信我有珍珠呢？那是不可能的。我告诉过你，你要是往上爬的时候感觉爬不上去就不要再爬了，结果呢，你摔断了双腿。"说完，鸟就展翅飞走了。

猎人经不住诱惑，使自己受到一连串的伤害。在我们的生活中，这种现象很常见，在诱惑华丽的外表下，那些所谓的美好只是假象，要想得到真正美好的人生，还得脚踏实地，而不能总想着不劳而获或者想在人生的道路上偷懒。能不能抵制住诱惑往往就在于人的一念之间，而这一念的差别需要极大的勇气和极坚定的意志，如果能在关键时刻做出正确的选择，就意味着你已经拥有了一个充实的人生。

著名教育家陶行知在当校长的时候，有一天，他看到一个男孩儿用一块石头砸同学，便立刻上前制止，并要这个男孩儿过一会儿去他的办公室。当这位校长回到办公室时，那个男孩儿已经在那里等候了。

校长掏出一块糖果给男孩儿，说："这块糖是奖给你的，因为你比我按时到了。"还没等男孩儿从惊异中反应过来，校长又掏出一块糖说，“这块也是奖给你的，我不让你打同学，你立即住了手，说明你很尊重老师。”男孩儿正想开口，校长再次掏出一块糖说，“据我了解，你打同学是因为他欺负其他同学，你打抱不平，说明你很有正义感，所以这一块也给你。”男生感动得流下了悔过的泪，说：“校长，我错了，同学再不对，我也不该这样去制止他。”校长面带微笑，拿出了第四块糖果，说：“应该再奖你一块糖，因为你认识到了自己的错误。”

在我们日常与诱惑作战的过程中，都会出现糖果效应的身影，例如：你可以利用糖果效应让自己放弃眼前的小利益，通过自己的努力和坚持取得更大的成功；在教育自己的孩子时，要让孩子学会抵制诱惑；在孩子有一点儿进步时，要及时给予他奖励，让他及时体会到成功的喜悦，从而取得更大的进步。

成功就在你即将放弃的那一刻。现代社会存在太多的诱惑，它们总是展示迷人的一面，引诱我们渐渐远离自己的理想与目标。每个人都会面对种种诱惑，学生做作业时，会受到游戏的诱惑；小孩子即使生了蛀牙，也经不住糖果的诱惑；减肥者会受到食物的诱惑。

我们在生活中要善于抵制诱惑，不被眼前的小利益迷惑，不做诱惑的俘虏，争取获得更大的成功。

再美的诱惑，都只是片刻的欢娱，如若陶醉必将跌入无底的深渊。人生路上，罂粟花不时盛开，只有抵制诱惑，挥剑斩浮云，踏步向前，才能使生命之花绽放得愈加美丽。

鼓励胜于一味批评

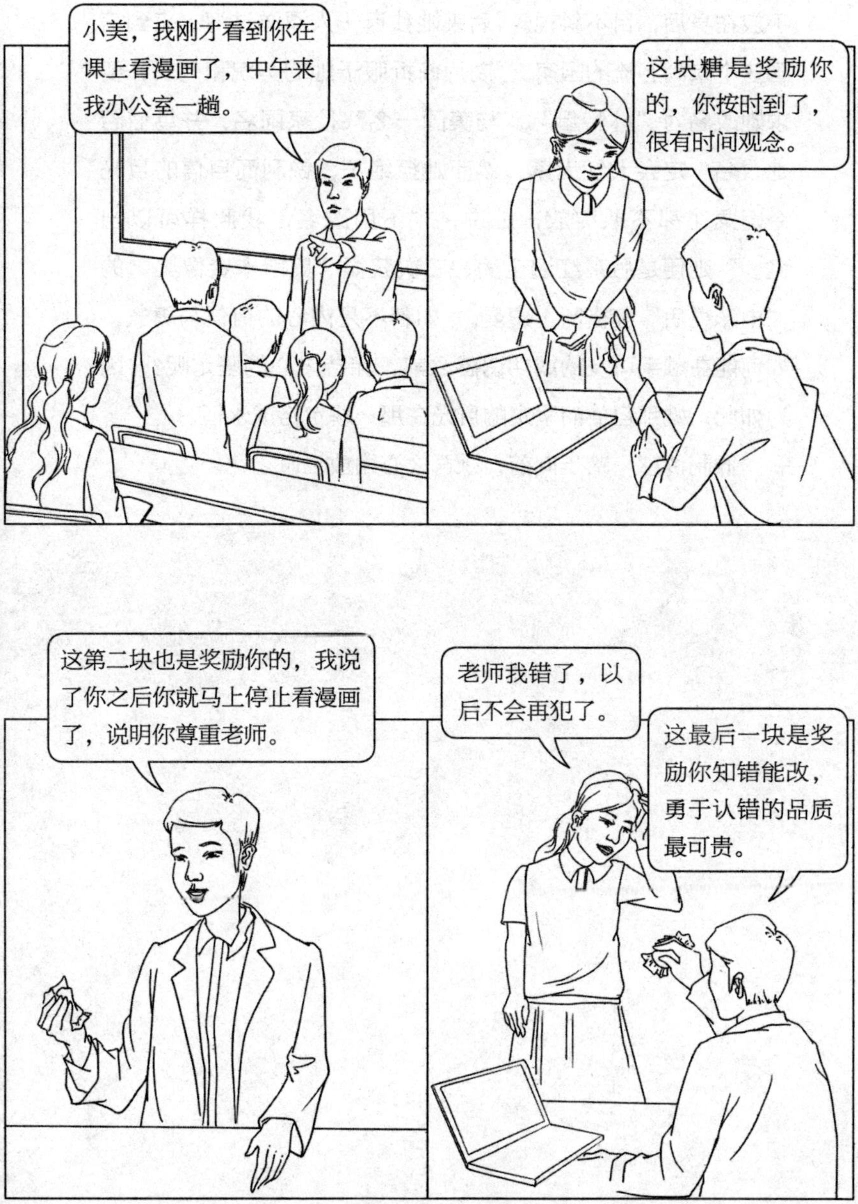

这第二块也是奖励你的，我说了你之后你就马上停止看漫画了，说明你尊重老师。

老师我错了，以后不会再犯了。

这最后一块是奖励你知错能改，勇于认错的品质最可贵。

抵制诱惑，踏步向前，需要一种自信、一种勇气。在那个人人都高喊着“希特勒万岁”的时代，一个女子背着包，手放在身后，目不斜视。后来她独自一人漂洋过海，来到美国这个崇尚名流的国家。制片商折服于她的美貌和气质，要求她改名为“林特堡”，与美国一名飞行家同名，并笃信若她改名一定会大红大紫，然而她拒绝了，锐利而自信的目光令罂粟花都不敢绽放，她说：“不用改名，我照样可以出名。”她便是后来红遍全美、三次获得“奥斯卡金像奖”的“电影皇后”英格利·褒曼。如若不是内心的自信与勇气，如何能在触手可及的成功诱惑之前，保持内心的坚定呢？因为如此，她那自信而坚定的目光在那一瞬定格成永恒。

抵制诱惑，踏步向前，以吾之心绾放生命之花。

幸福递减律：知足方可常乐

人们一直以来都认为发展经济是为了给人类创造更多的幸福。无奈事实却出现了与人们的愿望完全相反的情况：无论是在国内还是国外，都有生活越富裕却越不幸福的现象。这就是随着经济的发展而出现的幸福递减律，也就是西方经济学中所称之为的边际效益递减规律。即：人从获得一单位物品中所得的追加的满足，会随着所获得的物品增多而减少。

通俗点说，幸福递减律就是指人们对同一事物幸福的感觉，会随着物质条件的改善而降低。譬如：你在沙漠行走，口渴难耐，有一杯水你会激动万分；而当你步入绿洲，对一杯水的幸福感觉就会几近于零。朱元璋当放牛娃时，饿得昏迷不醒，一碗白菜豆腐汤令他如临仙境；当皇帝后，他遍尝天下厨师做的当年的“珍珠翡翠白玉汤”，却总觉得了无滋味。

如何避免这种幸福递减的感觉呢？关键就在于要懂得

知足。

俗话说：“事能知足心常乐，人到无求品自高。”知足者身贫而心富，知足的人才是世界上最富有的人、最快乐的人。

人生不如意事常八九，而欲望则无限。世人总会有欲望无法满足，总有烦恼羁绊左右。人生是一条遍布荆棘的路，有无尽的坎坷与挫折，试问谁能不苦呢？

那么人为什么会痛苦？是因为人有“求”，就是有欲望、有需要，推而广之，褒义一点儿的，就是说人有理想，有着他迫切想实现的梦……而“无求”是一种豁达、释怀、坦然面对得失的人生境界，以无求而求，求而无求。然而，人毕竟是人，即使是圣贤，又有谁能真正达到超然脱俗的境界？无求是一种心态，是有所求、有所不求；努力而求，又绝不强求。最重要的是无论求的结果如何，必须拥有一颗释然之心，做到得失皆乐。

世间的人，为了求名、利、财、色等种种的娱乐享受，往往会因为得到满足而欣喜若狂、无法如意而垂头丧气，有时甚至为了芝麻小事，争得面红耳赤。更有甚者，导致身败名裂，失去江山，种种的烦恼、祸患随之而来。因此古人说：罪莫大于多欲，祸莫大于不知足。知足的人即使贫贱也很快乐，不知足的人就是富贵也很忧愁。古贤曾教导我们要以“少欲知足为乐，以不贪求为德”，安贫乐道，无所希求，要乐于淡泊劳苦，就能远离贪欲奢侈。

“事能知足心常惬”，就是说人不要有太大的野心，不要让自己背负太重的心理负担，不要让自己活得太累。还有就是不要老是和比自己优越的人比，不要自卑，要乐观开朗。现今一些人对待名利，就像猛兽看到了快到嘴边的乳猪，害怕咬晚了被他人叼走，拼死奋力地抢夺。有的沽名钓誉，弄虚作假；有的跑官、买官，不择手段；有的见钱眼开，唯利是图；有的追求享乐，腐化堕落。这其实都是在折磨自己，让自己离快乐越来越远。

在自己的梦里，对幸福的执迷是每个凡夫俗子难以逃离的魔障，都无法幸免。跳得越高，自然摔得越重，咀嚼回忆时，你就会意识到这一点。错过了太阳，还有群星，至少你还能够独享那回忆中寂寞的香气。

我们越来越爱回忆了，是不是因为不敢期待未来呢？但要记住：来时来，去时去，终须有，莫强求。

很多的烦恼都源于自己舍不得放下，很多的痛楚都源于自己不懂得舍弃。知足则幸福长存。人生最重要的一个字——释，释而博，博乃容，容苦，亦容乐。敞开胸怀，放开一切，也就容纳了一切。

一个人有名誉感就有了进取的动力；有名誉感的人同时也有羞耻感，不想玷污自己的名声。但是，什么事都应有度，不能过于追求。如果过分追求，一时又不能获取，求名心太切，有时就容易产生邪念，走歪道。结果名誉没求来，反倒臭名远扬，遗臭万年。君子求善名，走善道，行善事；小人求虚名，弃君子之道，做小人勾当。

有这么一则故事：

刘希夷是唐朝诗人宋之问的外甥，很有才华，是一位年轻有为的诗人。一日，刘希夷写了一首诗《代悲白头翁》，到宋之问家中请舅舅指点。当刘希夷诵到“古人无复洛城东，今人还对落花风。年年岁岁花相似，岁岁年年人不同”时，宋之问情不自禁连连称好，大赞其才华的同时忙问此诗可曾给他人看过，刘希夷告诉他刚刚写完，还不曾与人看。宋之问遂道：“你这诗中‘年年岁岁花相似，岁岁年年人不同’二句，着实令人喜爱，若他人不曾看过，让与我吧。”刘希夷言道：“此二句乃我诗中之眼，若去之，全诗无味，万万不可。”晚上，宋之问睡不着觉，翻来覆去只是念这两句诗。心想，此诗一面世，便是千古绝唱，名扬天下，一定要想法据为己有。于是全然不顾亲情起了歹意，命手下人将刘希夷活活害死。后来，宋之问获罪，先被流放到钦州，又被皇上勒令自杀。天下文人闻之无不称快！刘禹锡说：“宋之问该死，这是天之报应。”

谁也不想默默无闻地活一辈子，所谓人各有志，就是这个意思。自古以来，胸怀大志者多把求名、求官、求利当作终生奋斗的三大目标。三者能得其一，对一般人来说已经终生无憾；若能尽遂人愿，更是幸运之至。然而，从辩证法角度看，有取必有舍，有进必有退，就是说有一得必有一失，任何获取都需要付出代价。问题在于，付出得值不值得。为了公众事业、民族和国家的利益，为了家庭的和睦，为了自我人格的完善，付出多少都值得，否则，付出越多越可悲。我们所说的忍名让利，正是从这个意义上提出的人生命题。在求取功名利禄的过程中，我们要少一点贪欲、多一点忍劲，莫为名利遮望眼。

古今中外，为求虚名不择手段，最终身败名裂的例子很多，确实发人深思。有的人已小有名气，还想声名大振，于是邪念膨胀，连原有的名气也遭人怀疑，更是可悲。

在中世纪的意大利，有一个叫塔尔达利亚的数学家，在国内的数学擂台赛上享有“不可战胜者”的盛誉，他经过自己的苦心钻研，找到了三次方程式的新解法。这时，有个叫卡尔丹诺的找到了他，声称自己有千万项发明，只有三次方程式对他是不解之谜，并为此而痛苦不堪。善良的塔尔达利亚被哄骗了，把自己的新发现毫无保留地告诉了他。谁知，几天后，卡尔丹诺以自己的名义发表了一篇论文，阐述了三次方程式的新解法，将成果据为己有。他的做法在相当长一个时期里欺瞒了人们，但真相终究还是大白于天下了。现在，卡尔丹诺的名字在数学史上已经成了科学骗子的代名词。

宋之问、卡尔丹诺等也并非无能之辈，在他们各自的领域里也已经是很有建树的人。就宋之问来说，即使不夺刘希夷之诗，也已然名扬天下。可是，人心不足，欲无止境！俗话说，钱迷心窍，岂不知名也能迷住心窍。一旦被迷，就会使原来还有一些才华的“聪明人”变得糊里糊涂，使原来还很清高的文化人变得既不“清”也不“高”，做起连老百姓都不齿的肮脏事情，以致弄巧成拙，美名变成恶名。

求名固然没有过错，关键是不要死死盯住不放，盯花了眼。那样，必然要走上沽名钓誉、欺世盗名之路。

著名的京剧演员关肃霜就是一个不为名利的人。有一天她在报纸上看到一篇题为《关肃霜等九名演员义务赡养失子老人》的报道，同时收到了报社寄来的李尔重写的《赞关肃霜等九同志义行之歌》的诗稿校样。这使她深感不安。原来，京剧演员于春海去世后，母亲和继父生活无依无靠，剧团的团支部书记何美珍提议大家捐款义务赡养老人，这一举动持续了23年。关肃霜开始并不知晓，是后来知道并参加的。但报道却把她说成了倡导者，这就违背了事实。关肃霜看到报道后，立即委托组织给报社复信，请求公开澄清事实。李尔重也尊重关肃霜的意见，将诗题改成《赞云南省京剧院施沛、何美珍等二十六同志》。

第二次世界大战期间，美军与日军在一个小岛展开了激战，美军最后将日军打败，把胜利的旗帜插在了岛上的主峰。心情激动的陆战队员们在欢呼声中把那面胜利的旗帜撕成碎片分给大家，以做终身纪念。这是一个十分有意义的场面，后赶来的记者打算把它拍下来，就找来六名战士重新演出这一幕。其中有一个战士叫海斯，是一个在战斗中表现极为普通的人，可是由于这张照片的作用，他成了英雄，在国内得到一个又一个的荣誉，他的形象也开始印在邮票、香皂等上面，家乡也为他塑了雕像。这时他的内心是极为矛盾的：一方面陶醉在赞扬中，另一方面又怕真相被揭露；同时，由于自己名不副实，又总是处在一种内疚、自愧之中。在这样的心理状态的困扰下，他每天只好用酒精来麻醉自己。终于，在一天夜里，他穿好军装，悄悄地离开了对他充满赞歌的人世，摆脱了自己的烦恼。

同样得到了飞来之美名，关肃霜和海斯的态度不同，结局也各异。还是东坡先生说得好：“苟非吾之所有，虽一毫而莫取。”美名美则美矣！只是对于那些还有一点儿正义感、有一点儿良知的人，面对不该属于他的美名，受之可以，坦然却未必办得到！得到的是美名，可是得到的也是一座沉重的大山，一条捆缚自己的锁链，早晚会被压得喘不上气来。像关肃霜，就活得真实、活得轻松、活得自在、活得安然。

人不要太看重名利，为名为利，只会迷失自己，刻意追求名利而失去很多东西，所以不要太追求名利，别让名利成为人生的负担。

蔡戈尼效应：做事要有始有终的驱动力

20世纪20年代后期，心理学家蔡戈尼做了一个非常有名的实验，这个实验所得到的结果被人们称为“蔡戈尼效应”。

首先，蔡戈尼将测试者分为甲和乙两个小组，然后让两个小组的受试人员同时演算完全一样的数学题。在实验进行过程中，他让甲组的受试人员顺利地演算完毕，而在乙组演算过程中他会突然下令停止，然后宣布结束。

最后，他让甲、乙两个组分别回忆刚才演算的题目，出人意料的是乙组受试者明显优于甲组。这种没有完成的不适感深刻地留存于乙组人员的记忆当中，一时之间很难忘记。而那些已完成题目的甲组人员，他们的“完成欲”得到了充分的满足，所以，他们也就轻松地忘记了刚才所进行的任务。

有一位作曲家非常喜欢睡懒觉，他的妻子为了使他早上能够起床，就想了一个办法，妻子在钢琴上随便地弹出一组乐句的头三个和弦。睡梦中的作曲家听了之后，辗转反侧，等待曲子的继续，但是久久没有动静，最后他实在是忍不住了，不得不爬起来跑到钢琴前弹完最后一个和弦。这就是心理学上的趋合心理。这种心理逼使作曲家无法忍受未完成的乐章，所以他不得不爬起来在钢琴上完成脑中早已完成的乐句，来满足自己的心理。

每个人天生就有一种办事要有始有终的驱动力，人们之所以会忘记已完成的工作，是因为完成欲的动机已经得到满足，自己心里已经完全放下；如果工作尚未完成，那么，这同一动机便使他留下深刻印象，无法遗忘。这就是蔡戈尼效应。

在我们的生活中，在面对问题时，虽然很多人都会全神贯注投入进去，但是，一旦解开了就会有所松懈，继而放松下去，这样自然而然也会很快地忘记。但是，对于解不开或尚未解开的问题，人们大都会要想尽一切办法努力去解开它，所以对于这种情况，人们会比较在意，进而一起记忆在大脑里面。而且这种影像会一直浮现在脑海里，直到自己把它解开的那一刻。

出现这种现象的原因是人们天生都有一种办事要有头有尾的驱动力。比如让我们试画一个圆圈，但是在最后的时候留下一个小缺口，就停笔不动。然后让人们来看它一眼，大多数人的心思都会倾向于想要把这个圆给完成。有时白天工作量大，到晚上了还要加班，但是到晚上深更半夜的时候还没有完成任务怎么办？这个时候你会选择放下工作去睡觉，还是会继续，等到完成再安心睡觉？相信大多数人是会选择继续完成，完成之后再睡觉，这样才会睡得安稳、踏实，否则就算是你睡觉了也不会睡得很沉。当我们正在看一部影片，突然你发现已经是深更半夜了，这时的你会马上关掉电脑睡觉还是继续看完再上床？相信大多数人会继续看完，这样晚上睡觉才踏实，才会睡得更香。

有一个人非常喜欢编织。每天只要一回到家，第一件事情就是先拿起编织针，然后开始煞有介事地编织。虽然翻来覆去只是一个动作，但他却极为认真，每天搞得茶饭不思，假如中途被别的事情打断了，只要一有机会，他就接着编织。

这就是蔡戈尼效应起到的心理作用。一日任务不完成，便一日不解“心头恨”。一般来说，做事情的时候还是需要相应的蔡戈尼效应的，因为，它能够推动我们主动去完成工作任务，并且达到圆满状态。如果生活中没有蔡戈尼效应，那么就不会有办事的效率，只有在蔡戈尼效应的驱使下，才能使自己的工作效率快速得到提升。

但是，如果我们把握不好蔡戈尼效应的话，就比较容易走向极端。一方面是过分的强迫，面对任务时坚决要一气呵成，不完成便死抓着绝不放手，有的时候甚至还会偏执地将其他任何人、事、物全部置身事外；而另一方面就是驱动力过弱，做任何事都拖沓，经常半途而废或是转移目标，永远无法彻底地去完成一件事情。

假如你经常走到蔡戈尼效应过弱的那一端，那你肯定是做事不能坚持到底的那类人。心理医生对此给予了一个简单有效的建议：“如果你精力集中的时间限度是 10 分钟，那么，你的脑筋一开始散漫，你就要停止工作。然后用 3 分钟的时间活动筋骨，转移注意力，例如跳几下，或者去倒一杯水，再或是做些静力锻炼的肌肉运动。等到活动过后，再把另一个 10 分钟花在工作上。”

但如果你经常走到蔡戈尼效应过强的一端，那么很有可能你是一个工作狂。而这样的人，通常性格也比较偏执，做事比较自主，想法坚定难以动摇，可想而知，忙于完成任务的紧张生活一定也是太单调、太狭窄了。如果是这样的话，你得试着缓和一下过强的蔡戈尼效应，比如，周末和朋友约会，出门呼吸新鲜空气，或者下班后看看电视、看看夜景、听听音乐，学习享受人生乐趣。

对于大多数人而言，蔡戈尼效应是推动他们完成工作很重要的驱动力。可是生活中还是有些人会不自觉地走向极端，要么是因为拖拖拉拉，似乎永远都无法完成最后的工作，要么就是非得一口气把事做完，否则绝不罢休。这样两种人都需要调整他们的完成驱动力。

其实一个人做事半途而废，可能只是因为害怕失败而已，他永远不去把一件事情完成，就使自己有空间去逃避，或避免自己受到批评；同样的道理，那些只想永远当学生而不想毕业的人，也许是因为觉得这样就可以不必到社会上工作，可以远离过分竞争有压力的环境；另外也可能是因为在他潜意识中就不相信自己会成功，所以缺乏自信，想要逃避。那些非把事情做完不可的人，为了避免事情半途而废，就很有可能会让自己止步于一份根本就没有前途的工作上。兴趣一旦变成了狂热，就会是一个警告的信号，表示过分强烈的完成驱动力正在一步步主宰你。有的人会强迫自己去看完一部电影，尽管他并不喜欢那部电影，可就是觉得非看它不可。

那么在现实生活中，我们怎样做才能抑制住蔡戈尼效应的不利影响呢？

首先，要在看事物的时候运用自己的价值观标准，比如我们发现一个工作计划不值得我们去做，那么我们就应该选择勇敢地放弃，去完成值得我们去完成的计划。这并不是说每一件事情都要坚持完成，只要是有意义、有价值的事情，我们都应去坚持；如果没有必要坚持，就不去坚持，可以适当地放弃。

其次，我们可以适当制定一个时间表，这样我们可以把必须做的事以及比较重要的事都写下来，做到井井有条，让自己培养出一种比较切合实际的意识，再把期限定在要求办妥的时间以前，做到有条不紊。

最后，我们需要一点一滴地来强化自己本身的意志力，当然，我们可以先从一件小事上来锻炼自己，然后再逐渐放大。比如，可以强迫自己在洗碗槽里留下几只碟子不去洗，然后去忙其他事情；或者看一本书的时候，试着去停一下，然后再去想想自己是不是在浪费时间和精力，如果是的话，那么就停止动作，转向其他方面。